CONSERVAÇÃO DA BIODIVERSIDADE

em áreas protegidas

CB035858

CONSERVAÇÃO DA BIODIVERSIDADE

em áreas protegidas

Nurit Bensusan

ISBN 85-225-0549-7

Copyright © 2006 Nurit Bensusan

Direitos desta edição reservados à
EDITORA FGV
Rua Jornalista Orlando Dantas, 37
22231-010 — Rio de Janeiro, RJ — Brasil
Tels.: 0800-021-7777 — 21-3799-4427
Fax: 21-3799-4430
e-mail: editora@fgv.br — pedidoseditora@fgv.br
web site: www.fgv.br/editora

Impresso no Brasil / *Printed in Brazil*

Todos os direitos reservados. A reprodução não autorizada desta publicação, no todo ou em parte, constitui violação do copyright (Lei nº 9.610/98).

Os conceitos emitidos neste livro são de inteira responsabilidade da autora.

1ª edição — 2006; 1ª reimpressão — 2006; 2ª reimpressão — 2009; 3ª reimpressão — 2011; 4ª reimpressão — 2012; 5ª reimpressão — 2014; 6ª reimpressão — 2017; 7ª reimpressão — 2018.

Revisão de originais: Ana Paula Dantas

Editoração eletrônica:

Revisão: Aleidis de Beltran e Marco Antonio Corrêa

Capa: aspecto:design

Apoio: ff
FORD FOUNDATION

Ficha catalográfica elaborada pela Biblioteca
Mario Henrique Simonsen/FGV

Bensusan, Nurit
Conservação da biodiversidade em áreas protegidas / Nurit Bensusan. — reimpressão — Rio de Janeiro : Editora FGV, 2006.
176p.

Inclui bibliografia.

1. Diversidade biológica. 2. Proteção ambiental. 3. Conservação da natureza. 4. Recursos naturais — Conservação. I. Fundação Getulio Vargas. II. Título.

CDD 363.7

Para Ariê, reserva inesgotável de alegria,
em cujo entorno é sempre primavera

Sumário

Introdução

O estabelecimento de espaços especialmente protegidos é uma das ferramentas mais utilizadas atualmente para a conservação da natureza. Trata-se de separar algumas porções do território e limitar ali o uso da terra e dos recursos naturais. Não há dúvida de que essa é uma estratégia importante e necessária diante da ocupação desenfreada da terra e do uso predatório dos recursos naturais que a humanidade vem, há tempos, protagonizando. A implementação de tal ferramenta, entretanto, tem enfrentado inúmeros desafios. Parte deles tem relação com a maneira como essas áreas protegidas foram – e em alguns casos, ainda são – estabelecidas: comunidades locais foram desalojadas, as restrições de uso se deram sem explicações e compensações e, freqüentemente, os gestores dessas áreas não levaram em conta os conflitos sociais e culturais que sua criação causou. Outro desafio relevante é a pressão de uso sobre os recursos naturais dessas áreas nem sempre bem protegidas. Por fim, há o desafio da gestão dessas porções do território submetidas a regimes completamente diferentes do vigente na paisagem circunvizinha, mas dependente dela. Essa gestão, em muitos países como o Brasil, conta historicamente com limitações de recursos humanos e financeiros.

Este livro procura abordar a questão das áreas protegidas pela ótica dos desafios. Já no primeiro capítulo, além de um pequeno histórico da idéia de proteger porções do território para a conservação da natureza, há uma descrição dos grandes desafios das áreas protegidas. Nos capítulos subseqüentes, esses desafios são mais bem explorados. O segundo capítulo traz um panorama geral da situação das áreas protegidas, abordando as questões ligadas à seleção de áreas para a proteção da biodiversidade e às dificuldades de implementação e gestão dessas áreas.

Um dos maiores desafios das áreas protegidas, talvez o maior, é a preservação dos processos que geram e mantêm a diversidade biológica que ali se quer conservar. Para preservá-los, no entanto, faz-se necessário conhecê-los e também reconhecer que esses processos se dão numa escala que transcende aquela da área protegida. Desse enorme desafio é que trata o capítulo 3, discutindo os processos na escala temporal e espacial e considerando o impacto da humanidade sobre a natureza.

O quarto capítulo aborda um dos mais polêmicos temas ligados às áreas protegidas: o conflito com as populações humanas e as possibilidades de conciliação. O grande desafio, além da própria convivência harmônica entre áreas protegidas e comunidades locais, é a tentativa de fazer com que essas áreas se tornem agentes de transformação social.

O quinto capítulo trata de novos desafios, que se apresentam no início do novo século, para as áreas protegidas. Entre esses desafios estão, por exemplo, a gestão de áreas protegidas estabelecidas em terras privadas por iniciativa de seus proprietários, a questão do acesso aos recursos genéticos presentes no interior das áreas protegidas e o uso de ferramentas do Protocolo de Kyoto para garantir a sustentabilidade financeira dessas áreas.

O último capítulo trata primordialmente de três grandes desafios das áreas protegidas neste novo século: a falta de conhecimento sobre a biodiversidade, a dificuldade de estabelecer as necessárias conexões entre ambientes naturais em uma paisagem cada vez mais fragmentada e as questões ligadas à eficiência de gestão das áreas protegidas em um contexto mais transparente e democrático.

1

Áreas protegidas: história e desafios

De onde vem a idéia de reservar áreas para a conservação da natureza?

A maioria de nós está acostumada à idéia de que há bem pouco tempo muitos dos equipamentos que fazem parte de nossa vida cotidiana – telefones, geladeiras, rádios, aviões, computadores, entre outros – não existiam. Porém, poucos se dão conta de que muitas idéias com as quais estamos habituados a conviver atualmente tampouco existiam há algum tempo. Por exemplo, no século XV, os trabalhadores assalariados formavam uma parte mínima da população e, desde então, essa proporção cresceu de tal maneira que poderíamos, equivocadamente, imaginar que essa concepção de trabalho foi, desde os primórdios, a predominante. Outro exemplo interessante é a idéia de criança como algo diferente de um adulto pequeno, que só tomou vulto no século XVIII.

Da mesma forma, a idéia de conservar a natureza nem sempre esteve presente entre nós. Tal idéia, resultante do contínuo questionamento da humanidade acerca de suas relações com a Terra, foi se desenvolvendo e se transformando desde a Antigüidade, culminando, no Ocidente, em relações de domínio e desprezo pela natureza e ultraconfiança na tecnologia como solução para todos os problemas ambientais.

Glacken (1967) afirma que desde a Antigüidade até o final do século XVIII, os conceitos sobre as relações entre a cultura humana e o ambiente natural, no pensamento ocidental, foram norteados por três perguntas que a humanidade persistentemente se fez: seria a Terra uma criação proposital, uma vez que seu ambiente é claramente apropriado para a vida humana? As características da Terra

– seus climas, seu relevo, a configuração de seus continentes – teriam influenciado a natureza moral e social dos indivíduos e teriam moldado o caráter e a natureza da cultura humana? De que forma os seres humanos transformaram a Terra em comparação com sua hipotética condição prístina?

A terceira pergunta – a idéia da humanidade como agente transformador da paisagem – ainda não fora bem formulada na Antigüidade, como as outras duas e só encontrou sua expressão completa no século XVIII. Desde então, sua importância tem crescido a ponto de a humanidade, reconhecendo seu impacto sobre a Terra, conceber a idéia de reservar determinados espaços onde o planeta preserve "sua hipotética condição prístina".

Atualmente, em grande parte do mundo, o principal instrumento para a conservação da biodiversidade é o estabelecimento de áreas protegidas. A necessidade de se proteger determinados espaços da sanha destruidora da nossa espécie já mostra, por si só, o tamanho desse desafio. Em uma sociedade mais saudável, talvez fosse possível disciplinar e gerir o uso dos recursos naturais de forma mais ampla e, quiçá, mais democrática, sem que houvesse necessidade de reservar espaços especialmente para a proteção da natureza.

Essas áreas existem em aproximadamente 80% dos países do mundo e cobrem cerca de 11,5% da superfície terrestre do planeta (Mulongoy e Chape, 2003). Algumas dessas áreas protegidas foram criadas ainda no século XIX, com o intuito de preservar paisagens especialmente belas para as futuras gerações. Durante o século XX, esse instrumento se popularizou e as altas taxas de extinção de espécies (Wilson, 1992; Lawton e May, 1994) conduziram à criação da vasta maioria das áreas protegidas, como uma tentativa de resposta à crise das extinções.

Originalmente, a idéia de se reservar determinados espaços tem, pelo menos, duas motivações: a preservação de lugares sagrados e a manutenção de estoques de recursos naturais. A primeira dessas motivações pode ser exemplificada pela criação de florestas sagradas na Rússia, onde o uso e mesmo a presença humana eram proibidos (Davenport e Rao, 2002). A segunda motivação – a manutenção de estoques de recursos naturais estratégicos – é também antiga. Reservas reais de caça já aparecem nos registros históricos assírios de 700 a. C. Os romanos já se preocupavam em manter reservas de madeira, entre outros produtos, para a construção de navios. Na Índia, reservas reais de caça foram estabelecidas no século III (Colchester, 1997). Os senhores feudais destinavam porções significativas de suas florestas para reservas de madeira, de caça e de pesca (Larrère e

Nougarède, 1993). Os poderes coloniais na África, ao longo dos dois últimos séculos, também destinaram espaços para a conservação de determinados recursos naturais.

Apenas na segunda metade do século XIX, surgiu a idéia de definir espaços para a conservação de paisagens naturais, pois nessa ocasião o papel transformador da humanidade estava se tornando claro e a diminuição de áreas onde a Terra mantinha sua "hipotética condição prístina" também tornava-se evidente. Cronon (1995) assinala que, no século XVIII, as paisagens naturais possuíam um forte componente sobrenatural e até mesmo religioso: as paisagens sublimes eram aqueles raros lugares onde o ser humano teria maior chance de entrever a face de Deus. Mesmo o estabelecimento dos primeiros parques nacionais americanos — Yellowstone, Yosemite, Grand Canyon, Rainier, Zion — obedeceu a essa perspectiva. Paisagens menos sublimes não mereciam ser protegidas.

Alguns autores (Cronon, 1995; Diegues, 1994; Olwig, 1995) vinculam as origens da idéia de espaços protegidos "intocados" e desabitados aos mitos judaico-cristãos do paraíso. Olwig analisa esta relação explorando as origens comuns das palavras "parque" e "paraíso": a palavra "paraíso" originou-se do idioma persa, foi incorporada ao grego, e daí ao latim e às outras línguas européias. Sua primeira derivação é "parque fechado" e, realmente, os primeiros paraísos eram áreas de caça, definição equivalente ao significado etimológico primeiro da palavra "parque" em muitos idiomas europeus.

O Parque Nacional de Yellowstone, o primeiro a ser criado, foi estabelecido em 1872 com o objetivo de preservar suas belas paisagens "virgens" para as gerações futuras. Em seu ato de criação, o Congresso dos Estados Unidos determinou que a região fosse reservada e proibida de ser colonizada, ocupada ou vendida. O ser humano ali seria um visitante, nunca um morador. Esse modelo foi adotado por muitos outros países do mundo e, em vários deles, vigora até os nossos dias.

Permanece também atual uma questão que nasceu com a criação do Parque Nacional de Yellowstone: a transferência de moradores, freqüentemente de maneira forçada, dos locais onde viviam tradicionalmente, com o intuito de criar áreas "desabitadas" para serem parques nacionais. Yellowstone tampouco era uma área "vazia", desprovida de populações humanas; era território dos índios Crow, Blackfeet e Shoshone-Bannock (Diegues, 1994).

A tentativa de transformar áreas "desabitadas" em parques fundamenta-se na idéia de que partes do nosso planeta ainda não teriam sido "tocadas" pelos humanos e são justamente essas as porções mais dignas de serem conservadas. No entanto, inúmeras pesquisas antropológicas, culturais, históricas e ambientais realizadas nas últimas décadas vêm evidenciando que a "natureza" não é tão natural como parece e o mundo selvagem não é o que parece ser. A natureza selvagem e intocada não existiria à parte da humanidade, mas, ao contrário, essa "natureza" seria uma criação humana (Cronon, 1995). Por exemplo, os índios não consideram a floresta tropical, seu lar, como um ambiente selvagem e intocado (Gómez-Pompa e Kaus, 1992). Naturalmente, os índios norte-americanos não compartilhavam essa idéia de natureza intocada e virgem com os brancos. Estes últimos, para criar seu "mundo selvagem inabitado", removeram e dizimaram os índios que encaravam aquele local como o seu lar.

A biodiversidade de uma área seria o produto da história da interação entre o uso humano e o ambiente. Uma combinação não apenas de alterações de fatores biofísicos, mas também de mudanças nas atividades humanas. Freqüentemente, o que é chamado de padrão natural não é senão o resultado de padrões de uso da terra e dos recursos associados, fruto de determinados estilos de vida ao longo do tempo (Nelson e Serafin, 1992).

Grande parte das áreas protegidas no mundo ocidental, entretanto, foi criada com base nesse mito da natureza intocada. Assim, o conflito entre certas estratégias de conservação da natureza e as populações humanas residentes nessas áreas, muitas vezes responsáveis pela manutenção de sua integridade biológica, nasceu com a criação das áreas protegidas e assumiu, ao longo do tempo, proporções significativas.

Depois de Yellowstone

Em 1885, o Canadá criou seu primeiro parque nacional; a Nova Zelândia o fez em 1894; e a África do Sul e a Austrália em 1898. A América Latina foi um dos primeiros continentes a copiar o modelo de parque nacional sem população humana residente em seus limites: o México criou sua primeira área protegida em 1894; a Argentina, em 1903; o Chile em 1926; e o Brasil, em 1937, estabeleceu o Parque Nacional de Itatiaia, com o objetivo de incentivar a pesquisa científica e oferecer lazer às populações urbanas. A primeira proposta de criação de parques nacionais no Brasil, não obstante, é mais antiga: de André Rebouças, em 1876, partiu a sugestão inicial para o estabelecimento de parques segundo o molde norte-americano.

Ainda em 1933, não havia definição mundialmente aceita sobre os objetivos dos parques nacionais. Foi realizada então a Convenção para a Preservação da Flora e Fauna, em Londres. Nessa ocasião, definiram-se três características dos parques nacionais: áreas controladas pelo poder público; áreas para a preservação da fauna e flora, objetos de interesse estético, geológico e arqueológico, onde a caça é proibida; e áreas de visitação pública. Em 1959, foi elaborada pelas Nações Unidas a primeira lista dos parques nacionais e reservas equivalentes. A União Internacional para a Conservação da Natureza (IUCN), criada em 1948, estabeleceu em 1960 a Comissão de Parques Nacionais e Áreas Protegidas, com o intuito de promover, monitorar e orientar o manejo dos espaços.

Em 1962, teve lugar o 3º Congresso Mundial de Parques Nacionais, em Bali, onde começou a se delinear a relação entre populações locais e áreas protegidas. Assinalou-se, inclusive, que a estratégia de conservação da natureza por meio de espaços protegidos só teria sentido com a redução do consumo nos países industrializados e com a elevação da qualidade de vida nos países em vias de desenvolvimento. Apesar disso, a questão da existência de populações locais dentro dos parques nacionais nos países de Terceiro Mundo não foi abordada. Em 1969, na 10ª Assembléia Geral da IUCN, na Índia, recomendou-se que o conceito de parque nacional fosse utilizado apenas para áreas que obedecessem às características estabelecidas na Convenção para a Preservação da Flora e Fauna e que a criação dos parques deveria ser feita em áreas "onde um ou vários ecossistemas não foram materialmente alterados pela exploração e ocupação humana" e "onde as autoridades competentes do país tomaram providências para evitar ou eliminar o mais rápido possível a exploração ou a ocupação em toda a área" (IUCN, 1971).

Em 1985, o debate sobre populações em parques já havia se ampliado, chegando inclusive a ser objeto de um número inteiro da revista *Cultural Survival* (v. 9, n. 1, fev. 1985). Nesse número, chamava-se a atenção para o papel desempenhado pelas populações humanas nas áreas protegidas, citando o exemplo dos Maasai, cuja expulsão dos parques nacionais do Quênia e da Tanzânia culminou em profundas alterações das paisagens a serem preservadas. Os Maasai queimavam o capim das savanas onde pastavam seu gado e os animais selvagens; com o fim das queimadas, as áreas tornaram-se arbustivas, comprometendo a sobrevivência da fauna local (Diegues, 1994).

O 4º Congresso Mundial de Parques, em Caracas, 1992, sinalizou para uma mudança em relação à questão do papel das populações humanas dentro de parques nacionais. Constatou-se que 86% dos parques nacionais da América do Sul abrigam populações humanas permanentes. Entre as recomendações do evento, ressaltam-se o aumento do respeito pelas populações tradicionais, a rejeição da estratégia de reassentamento dessas populações e a inserção, sempre que possível, dessas populações nas áreas do parque (Diegues, 1994).

O Acordo de Durban, derivado do 5º Congresso Mundial de Parques, realizado em Durban, África do Sul, em 2003, fundamenta o compromisso da conservação da biodiversidade em dois pilares: as áreas protegidas e as populações humanas. Vale lembrar que, apesar do nome, o congresso trata de todas as modalidades de áreas protegidas reconhecidas pela IUCN (quadro 1). Esse acordo prevê nove grandes linhas de ação:

1. apoio significativo ao desenvolvimento sustentável;
2. apoio significativo à conservação da biodiversidade;
3. estabelecimento de um sistema global de áreas protegidas conectado às paisagens circundantes;
4. aumento da efetividade do manejo das áreas protegidas;
5. fortalecimento dos povos indígenas e comunidades locais;
6. aumento significativo do apoio de outras parcelas da sociedade às áreas protegidas;
7. aperfeiçoamento da gestão, reconhecendo enfoques tradicionais e inovativos de grande valor para a conservação;
8. aumento significativo dos recursos destinados às áreas protegidas, atendendo ao seu valor e às suas necessidades;
9. melhoria da comunicação sobre o papel e os benefícios das áreas protegidas.

Apesar de o congresso não possuir um mandato formal, o Acordo de Durban sugere uma série de atividades internacionais, regionais, nacionais, locais e nas áreas protegidas. O acordo também reflete o estado-da-arte da conservação de biodiversidade em áreas protegidas, revelando quão importante tornou-se a questão das populações humanas e sua integração na gestão das áreas protegidas. Esse acordo também forneceu as bases para o Programa de Trabalho sobre Áreas Protegidas, adotado em 2004 pela Convenção sobre Diversidade Biológica.

Quadro 1

Categorias de áreas protegidas reconhecidas pela União Internacional de Conservação da Natureza (IUCN), propostas no 4º Congresso Mundial de Parques, em 1992, em Caracas, e adotadas pela Assembléia Geral da IUCN em 1994

Categoria Ia: reserva natural estrita – área natural protegida, que possui algum ecossistema excepcional ou representativo, características geológicas ou fisiológicas e/ou espécies disponíveis para pesquisa científica e/ou monitoramento ambiental.

Categoria Ib: área de vida selvagem – área com suas características naturais pouco ou nada modificadas, sem habitações permanentes ou significativas, que é protegida e manejada para preservar sua condição natural.

Categoria II: parque nacional – área designada para proteger a integridade ecológica de um ou mais ecossistemas para a presente e as futuras gerações e para fornecer oportunidades recreativas, educacionais, científicas e espirituais aos visitantes desde que compatíveis com os objetivos do parque.

Categoria III: monumento natural – área contendo elementos naturais, eventualmente associados com componentes culturais, específicos, de valor excepcional ou único dada sua raridade, representatividade, qualidades estéticas ou significância cultural.

Categoria IV: área de manejo de hábitat e espécies – área sujeita à ativa intervenção para o manejo, com finalidade de assegurar a manutenção de hábitats que garantam as necessidades de determinadas espécies.

Categoria V: paisagem protegida – área onde a interação entre as pessoas e a natureza ao longo do tempo produziu uma paisagem de características distintas com valores estéticos, ecológicos e/ou culturais significativos e, em geral, com alta diversidade biológica.

Categoria VI: área protegida para manejo dos recursos naturais – área abrangendo predominantemente sistemas naturais não modificados, manejados para assegurar proteção e manutenção da biodiversidade, fornecendo, concomitantemente, um fluxo sustentável de produtos naturais e serviços que atenda às necessidades das comunidades.

Em terras brasileiras

No Brasil, coube ao antigo Código Florestal (Decreto nº 23.793, de 1934) introduzir na legislação a figura da unidade de conservação, subdividindo-a em três categorias: duas de natureza inalienável e conservação perene, as florestas protetoras, em domínios privados e as florestas remanescentes, em terras públicas; a terceira categoria presente era a das florestas de rendimento. Os parques nacionais, estaduais e municipais se incluíam na categoria das florestas remanescentes e foram definidos como "monumentos públicos naturais, que perpetuam, em sua composição florística primitiva, trechos do país, que, por circunstâncias peculiares, o merecem" ou "florestas em que abundarem ou se cultivarem espécimens preciosos, cuja conservação se considera necessária por motivo de interesse biológico ou estético" (Dias, 1994).

As iniciativas anteriores de conservação da natureza, no período colonial, eram majoritariamente, como bem caracteriza Urban (1998): "uma sucessão interminável de cartas régias, regimentos e proibições de todo tipo" que "geraram um estilo gerencial singular, baseado muito mais em documentos legais – ainda que pouco aplicados – do que em políticas adequadas para a conservação do patrimônio natural do país". No Império, os esforços de José Bonifácio para introduzir práticas mais racionais de exploração dos recursos naturais e para reverter o modelo extrativista-predatório-exportador são dignos de nota.

Posteriormente, embaladas pelo surgimento do Parque Nacional de Yellowstone nos Estados Unidos, surgiram iniciativas de criação de parques nacionais no Brasil. Em 1876, André Rebouças publicou um artigo intitulado "Parque Nacional", onde além de analisar os resultados do estabelecimento do Parque Nacional de Yellowstone, sugeria a criação de dois parques nacionais no Brasil: um na Ilha do Bananal e outro no Paraná, que se estenderia das Sete Quedas até Foz do Iguaçu (Urban, 1998). Porém, o primeiro parque brasileiro só foi criado em 1937, na divisa dos estados de Minas Gerais e Rio de Janeiro, o Parque Nacional de Itatiaia. Seguiu-se o estabelecimento de dois outros parques, em 1939, o Parque Nacional do Iguaçu, no Paraná, e o Parque Nacional da Serra dos Órgãos, no Rio de Janeiro.

Em 1944, atribuiu-se à Seção de Parques Nacionais do Serviço Florestal, o encargo de orientar, fiscalizar, coordenar e elaborar programas de trabalho para os parques nacionais e explicitaram-se os objetivos dos parques: conservar para fins científicos, educativos, estéticos ou recreativos as áreas sob sua jurisdição; promover estudos de flora, fauna e geologia das respectivas regiões; organizar museus e herbários regionais. Uma nova versão do Código Florestal de 1965 definiu como parques nacionais as áreas criadas com a finalidade de resguardar atributos excepcionais da natureza, conciliando a proteção integral da flora, da fauna e das belezas naturais com a utilização para objetivos educacionais, recreativos e científicos. Com a criação do Instituto Brasileiro de Desenvolvimento Florestal, em 1967, a administração das áreas protegidas passou a ser realizada por tal órgão. E, em 1979, instituiu-se o Regulamento dos Parques Nacionais, ainda em vigor.

No entanto, a partir de 1973, coube também à Secretaria Especial do Meio Ambiente (Sema), do Ministério do Interior, a criação e administração de uma outra categoria de unidade de conservação: as estações ecológicas. Somente em 1989, com a criação do Instituto Brasileiro de Meio Ambiente e Recursos Naturais Renováveis (Ibama), concentrou-se a gestão das áreas protegidas federais em um só órgão.

A Constituição Federal de 1988 assegura a todos, em seu artigo sobre meio ambiente (art. 225), um "meio ambiente ecologicamente equilibrado" e impõe ao poder público o dever de defendê-lo e preservá-lo. Um dos instrumentos que a Constituição arrola para o cumprimento desse dever é a "definição de espaços territoriais e seus componentes a serem especialmente protegidos", ou seja, indica que o poder público deve criar áreas protegidas e garantir que elas contribuam para a existência de um "meio ambiente ecologicamente equilibrado".

A partir dessa base constitucional, o país concebeu um Sistema Nacional de Unidades de Conservação (Snuc), ou seja, de áreas protegidas.[1] O processo de elaboração e negociação desse sistema durou mais de 10 anos e gerou uma grande polêmica entre os ambientalistas. O resultado (Lei nº 9.985/00) – uma tentativa de conciliação entre visões muito distintas –, apesar de não agradar inteiramente a nenhuma das partes envolvidas na polêmica, significou um avanço importante na construção de um sistema efetivo de áreas protegidas no país. O quadro 2 apresenta as categorias de unidades de conservação do Snuc e suas definições.

O Snuc originou-se de um pedido do Instituto Brasileiro de Desenvolvimento Florestal à Fundação Pró-Natureza (Funatura), uma organização não-governamental, em 1988, para a elaboração de um anteprojeto de lei instituindo um sistema de unidades de conservação. Uma das dificuldades, já evidente na época, era definir as categorias de manejo, excluindo figuras equivalentes e criando novos tipos de unidades onde foram identificadas lacunas. O anteprojeto foi aprovado pelo Conselho Nacional do Meio Ambiente (Conama) e em maio de

---

[1] A expressão "unidades de conservação" foi criada no Brasil e não apresenta correspondência com termos em outros idiomas. Muitos conservacionistas, inclusive a autora, consideram as unidades de conservação como um subconjunto das áreas protegidas. As unidades de conservação seriam aquelas áreas chanceladas pelos órgãos ambientais e com alguma correspondência com as categorias internacionais. Neste livro, usei a expressão "unidades de conservação" com essa acepção e "áreas protegidas", muitas vezes como sinônimo, mas muitas vezes também como um conjunto mais amplo de espaços geográficos protegidos.

1992, já na qualidade de Projeto de lei, foi encaminhado ao Congresso Nacional. Em 1994, o deputado Fábio Feldmann apresentou um substitutivo ao Projeto de Lei do Snuc, introduzindo modificações significativas no texto original e dando início à polêmica centrada na questão da presença de populações tradicionais nas unidades de conservação, que duraria ainda seis anos. Em 1995, novo substitutivo foi apresentado, dessa vez pelo deputado Fernando Gabeira, aprofundando as divergências entre os ambientalistas e alimentando, ainda mais, a polêmica. Após inúmeras reuniões, audiências públicas, versões e modificações, o projeto foi aprovado no Congresso em 2000, mas teve ainda alguns dispositivos vetados pelo presidente, como, por exemplo, a definição de populações tradicionais (Mercadante, 2001).

Quadro 2

Categorias de áreas protegidas do Sistema Nacional de Unidades de Conservação (Snuc) — Lei nº 9.985, de 18 de julho de 2000

O Snuc divide as categorias de unidades de conservação em dois grandes grupos: proteção integral e uso sustentável. Cada um desses grupos possui diversas categorias de unidades.

Proteção integral

Estação ecológica: tem como objetivo a preservação da natureza e a realização de pesquisas científicas. É de posse e domínio públicos, sendo que as áreas particulares incluídas em seus limites devem ser desapropriadas. Nessas unidades, é proibida a visitação pública, exceto quando o objetivo é educacional, de acordo com o que dispuser o Plano de Manejo da unidade ou regulamento específico, e a pesquisa científica depende de autorização prévia do órgão responsável pela administração da unidade e está sujeita às condições e restrições por este estabelecidas. Nas estações ecológicas são permitidas alterações dos ecossistemas no caso de: medidas que visem a restauração de ecossistemas modificados; manejo de espécies com o fim de preservar a diversidade biológica; coleta de componentes dos ecossistemas com finalidades científicas; e pesquisas científicas cujo impacto sobre o ambiente seja maior do que aquele causado pela simples observação ou pela coleta controlada de componentes dos ecossistemas, em uma área correspondente a no máximo 3% da extensão total da unidade e até o limite de 1.500 hectares.

Reserva biológica: tem como objetivo a preservação integral da biota e demais atributos naturais existentes em seus limites, sem interferência humana direta ou modificações ambientais, excetuando-se as medidas de recuperação de seus ecossistemas alterados e as ações de manejo necessárias para recuperar e preservar o equilíbrio natural, a diversidade biológica e os processos ecológicos naturais. É de posse e domínio públicos, sendo que as áreas particulares incluídas em seus limites devem ser desapropriadas. Nas reservas biológicas é proibida a visitação pública, exceto aquela com objetivo educacional e a pesquisa científica depende de autorização prévia do órgão responsável pela administração da unidade e está sujeita às condições e restrições por este estabelecidas.

continua

Parque nacional: tem como objetivo básico a preservação de ecossistemas naturais de grande relevância ecológica e beleza cênica, possibilitando a realização de pesquisas científicas e o desenvolvimento de atividades de educação e interpretação ambiental, de recreação em contato com a natureza e de turismo ecológico. É de posse e domínio públicos, sendo que as áreas particulares incluídas em seus limites devem ser desapropriadas. A visitação pública está sujeita às normas e restrições estabelecidas no Plano de Manejo da unidade e às normas estabelecidas pelo órgão responsável por sua administração. A pesquisa científica depende de autorização prévia do órgão responsável pela administração da unidade e está sujeita às condições e restrições por este estabelecidas.

Monumento natural: tem como objetivo básico preservar sítios naturais raros, singulares ou de grande beleza cênica. Pode ser constituído por áreas particulares, desde que seja possível compatibilizar os objetivos da unidade com a utilização da terra e dos recursos naturais do local pelos proprietários. A visitação pública está sujeita às condições e restrições estabelecidas no Plano de Manejo da unidade e às normas estabelecidas pelo órgão responsável por sua administração.

Refúgio de vida silvestre: tem como objetivo proteger ambientes naturais onde se asseguram condições para a existência ou reprodução de espécies ou comunidades da flora local e da fauna residente ou migratória. Pode ser constituído por áreas particulares, desde que seja possível compatibilizar os objetivos da unidade com a utilização da terra e dos recursos naturais do local pelos proprietários. A visitação pública está sujeita às normas e restrições estabelecidas no Plano de Manejo da unidade e às normas estabelecidas pelo órgão responsável por sua administração e a pesquisa científica depende de autorização prévia do órgão responsável pela administração da unidade e está sujeita às condições e restrições por este estabelecidas.

Uso sustentável

Área de proteção ambiental (APA): é uma área em geral extensa, com um certo grau de ocupação humana, dotada de atributos abióticos, bióticos, estéticos ou culturais especialmente importantes para a qualidade de vida e o bem-estar das populações humanas e tem como objetivos básicos proteger a diversidade biológica, disciplinar o processo de ocupação e assegurar a sustentabilidade do uso dos recursos naturais. É constituída por terras públicas ou privadas. As condições para a realização de pesquisa científica e visitação pública nas áreas sob domínio público serão estabelecidas pelo órgão gestor da unidade e nas áreas sob propriedade privada, pelo seu proprietário. A área de proteção ambiental deve ter um conselho presidido pelo órgão responsável por sua administração e constituído por representantes dos órgãos públicos, de organizações da sociedade civil e da população residente.

Área de relevante interesse ecológico: é uma área em geral de pequena extensão, com pouca ou nenhuma ocupação humana, com características naturais extraordinárias ou que abrigue exemplares raros da biota regional, e tem como objetivo manter os ecossistemas naturais de importância regional ou local e regular o uso admissível dessas áreas, de modo a compatibilizá-lo com os objetivos de conservação da natureza. A área de relevante interesse ecológico é constituída por terras públicas ou privadas.

Floresta nacional: é uma área com cobertura florestal de espécies predominantemente nativas e tem como objetivo básico o uso múltiplo sustentável dos recursos florestais e a pesquisa científica, com ênfase em métodos para exploração

continua

sustentável de florestas nativas. É de posse e domínio públicos, sendo que as áreas particulares incluídas em seus limites devem ser desapropriadas. Nas florestas nacionais é admitida a permanência de populações tradicionais que ali residiam quando da criação, em conformidade com o disposto em regulamento e no Plano de Manejo da unidade. A visitação pública é permitida, condicionada às normas estabelecidas para o manejo da unidade pelo órgão responsável por sua administração e a pesquisa é permitida e incentivada, sujeitando-se à prévia autorização do órgão responsável pela administração da unidade, às condições e restrições por este estabelecidas e àquelas previstas em regulamento. A floresta nacional dever ter um conselho consultivo, presidido pelo órgão responsável por sua administração e constituído por representantes de órgãos públicos, de organizações da sociedade civil e, quando for o caso, das populações tradicionais residentes.

Reserva extrativista: é uma área utilizada por populações extrativistas tradicionais, cuja subsistência baseia-se no extrativismo e, complementarmente, na agricultura de subsistência e na criação de animais de pequeno porte e tem como objetivos básicos proteger os meios de vida e a cultura dessas populações, e assegurar o uso sustentável dos recursos naturais da unidade. A reserva é de domínio público, com uso concedido às populações extrativistas tradicionais, sendo que as áreas particulares incluídas em seus limites devem ser desapropriadas. A reserva extrativista é gerida por um conselho deliberativo, presidido pelo órgão responsável por sua administração e constituído por representantes de órgãos públicos, de organizações da sociedade civil e das populações tradicionais residentes na área. A visitação pública é permitida, desde que compatível com os interesses locais e de acordo com o disposto no Plano de Manejo da área, e a pesquisa científica é permitida e incentivada, sujeitando-se à prévia autorização do órgão responsável pela administração da unidade. Nessas reservas são proibidas a exploração de recursos minerais e a caça amadorística ou profissional, e a exploração comercial de recursos madeireiros só será admitida em bases sustentáveis e em situações especiais e complementares às demais atividades desenvolvidas na reserva extrativista.

Reserva de fauna: é uma área natural com populações animais de espécies nativas, terrestres ou aquáticas, residentes ou migratórias, adequadas para estudos técnico-científicos sobre o manejo econômico sustentável de recursos faunísticos. É uma unidade de posse e domínio públicos e as áreas particulares incluídas em seus limites devem ser desapropriadas. A visitação pública pode ser permitida e a caça amadorística ou profissional é proibida.

Reserva de desenvolvimento sustentável: é uma área natural que abriga populações tradicionais, cuja existência baseia-se em sistemas sustentáveis de exploração dos recursos naturais, desenvolvidos ao longo de gerações e adaptados às condições ecológicas locais e que desempenham um papel fundamental na proteção da natureza e na manutenção da diversidade biológica. Esse tipo de unidade tem como objetivo básico preservar a natureza e, ao mesmo tempo, assegurar as condições e os meios necessários para a reprodução e a melhoria dos modos e da qualidade de vida e exploração dos recursos naturais das populações tradicionais, bem como valorizar, conservar e aperfeiçoar o conhecimento e as técnicas de manejo do ambiente, desenvolvido por essas populações. A reserva de desenvolvimento sustentável é de domínio público, sendo que as áreas particulares incluídas em seus limites devem ser, quando necessário, desapropriadas. A reserva é gerida por um conselho deliberativo, presidido pelo órgão responsável por sua administração e constituído por representantes de órgãos públicos, de organizações da sociedade civil e das populações tradicionais residentes na área. A visitação pública e a pesquisa científica são permitidas e incentivadas, embora sujeitas aos

continua

interesses e normas locais. A exploração de componentes dos ecossistemas naturais em regime de manejo sustentável e a substituição da cobertura vegetal por espécies cultiváveis são permitidas quando de acordo com o Plano de Manejo.

Reserva particular do patrimônio natural: é uma área privada, criada por iniciativa do proprietário, gravada com perpetuidade, com o objetivo de conservar a diversidade biológica. Nessa modalidade de unidade de conservação apenas a pesquisa científica e a visitação com objetivos turísticos, recreativos e educacionais são permitidas.

O desafio das áreas protegidas

No estabelecimento e gestão das unidades de conservação, há algumas questões fundamentais que não podem deixar de ser consideradas e que ajudam a fornecer uma idéia das dimensões do desafio da conservação da biodiversidade nas áreas protegidas. Nos capítulos seguintes, muitos desses aspectos são discutidos mais detalhadamente.

O estabelecimento de unidades de conservação

Desde 1970, foram criadas mais áreas protegidas do que as previamente existentes. Parte desse processo se deve ao reconhecimento da rápida destruição de espécies e de muitos ecossistemas tropicais e da importância das unidades de conservação na proteção da biodiversidade remanescente. Muitas dessas áreas, entretanto, foram criadas nos gabinetes oficiais, sem muito conhecimento ou análise das condições ecológicas e sociais locais (Brandon et al., 1998). Daí derivam-se problemas de gestão enfrentados até hoje por muitas unidades de conservação.

A seleção de áreas para o estabelecimento das unidades é um dos temas-chave para a eficiência da conservação da biodiversidade, tanto em âmbito local quanto regional ou nacional. O exame do nível local mostra que, muitas vezes, áreas protegidas são criadas deixando de fora de seus limites elementos essenciais para seu manejo e conservação, como é o caso, por exemplo, de parques que protegem parte de uma bacia hidrográfica, mas onde as nascentes estão no exterior da unidade, sujeitas a um processo de degradação, que escapa ao controle dos gestores do parque. A análise dos níveis regionais ou nacionais revela que, apesar da freqüente falta de conhecimentos ecológicos para embasar a escolha de determinadas áreas, a alocação das unidades deve levar em consideração o conjunto total de áreas protegidas existentes e de ecossistemas a serem protegidos. Ou seja, levar em conta parâmetros como a representatividade das amostras abarcadas pelas unidades, a conectividade entre as áreas e o uso dos recursos naturais nas circunvizinhanças.

Domínio da terra e dos recursos naturais

O domínio da terra e dos recursos naturais refere-se aos detentores dos direitos de uso, controle, cessão, venda e herança. Há diversas formas de domínio da terra e dos recursos naturais no mundo e são as regras que regulam essa questão que fornecem o arcabouço dentro do qual os recursos são controlados e usados nas áreas que são, ou serão, unidades de conservação e em suas circunvizinhanças. Conhecer e lidar com a questão fundiária é parte importante do estabelecimento e gestão exitosa de uma área protegida. Muitas unidades de conservação estabelecidas têm uma situação fundiária ambígua, pois suas terras, ou parte delas, são de propriedade privada e aguardam ainda uma regularização. Essa situação conduz a ambigüidades relacionadas com a gestão dos recursos naturais na área e podem se tornar um obstáculo na conservação da biodiversidade (Terborgh, 2002).

No Brasil, esse é um grande desafio. Além das dificuldades relacionadas com os títulos de propriedade no país, especialmente em algumas regiões como Centro-Oeste e Norte onde, muitas vezes, existem vários títulos para as mesmas terras ou ocupantes ilegais, muitas vezes de significativas porções de terra, há o apossamento tradicional das diversas populações – como seringueiros, remanescentes de quilombos, castanheiros e ribeirinhos, entre outros – que deve ser respeitado e integrado às políticas de conservação e desenvolvimento.

Uso dos recursos naturais nas áreas protegidas

O binômio uso e conservação dos recursos naturais foi – e provavelmente ainda será – uma questão polêmica e causadora de acalorados debates entre biólogos da conservação, ambientalistas, gestores de unidades de conservação e outros interessados no tema. As bases do debate podem ser resumidas assim: apesar de muitas áreas terem sido utilizadas por populações humanas por milhares de anos, em algumas delas a integridade biológica permaneceu significativamente alta, mostrando que os processos ecológicos se mantiveram preservados e transformando essas áreas em prioridades para a conservação. O uso humano nessas áreas tem sido tradicionalmente de baixo impacto, mas as forças sociais que mantinham esse padrão de uso estão se modificando rapidamente, o que pode resultar em um rápido aumento do impacto do uso. Concomitantemente, a biodiversidade fora dessas áreas tem sido rapidamente destruída, principalmente devido às mudanças nos padrões de uso da terra e dos recursos naturais. Assim, a manutenção de grandes áreas com baixos níveis de uso ou sem uso é vista como a melhor estratégia para a conservação da biodiversidade a longo prazo. Por outro lado, os defensores do uso acreditam que todas as áreas devem ser abertas para algum uso humano e que áreas destinadas estritamente à conservação, sem presença humana, não devem existir (Brandon et al.,1998). Os argumentos que sustentam essa posição podem ser sumarizados da seguinte forma: privando as áreas do tradicional uso humano, há o risco de excluir alguns aspectos importantes para a preservação dos processos geradores e mantenedores da biodiversidade, como o conhecimento humano sobre a utilização das espécies e as experiências de uso da terra; a perturbação antrópica dos ecossistemas é muitas vezes essencial para a geração e manutenção da biodiversidade; e o processo histórico, muitas vezes responsável pelas características atuais das paisagens, se perderia e conseqüentemente as paisagens se descaracterizariam (Wood, 1994).

Aparentemente, é o caminho do meio a melhor solução. Para cada local, o cenário de conservação apropriado depende dos fatores ecológicos e sociais e, para tanto, há a possibilidade de estabelecer unidades de conservação de diversas categorias, bem como fazer um zoneamento interno da área protegida, que pode incluir desde zonas de proteção estrita até zonas de uso múltiplo.

Gestão e consolidação das áreas protegidas

Muitas áreas protegidas, apesar de formalmente estabelecidas, não são, na prática, implantadas, dadas as limitações de recursos. Idealmente, as unidades de conservação deveriam possuir, desde a sua criação, um orçamento adequado, recursos humanos capacitados, bases institucionais sólidas, apoio da sociedade e independência do cenário político (Terborgh, 2002). Entretanto, poucas são as que gozam dessa situação privilegiada, por conseguinte, as unidades, mesmo as implantadas, enfrentam vários problemas na sua gestão.

Um dos grandes desafios da gestão das áreas protegidas, nesse cenário, é a aplicação das restrições de uso dos recursos naturais para as comunidades locais, que sentem muitas vezes apenas o ônus da unidade de conservação. Acredita-se, hoje, que a melhor forma de lidar com essa situação é transformar as áreas de proteção integral em áreas centrais de um sistema mais amplo, que envolva o uso sustentável dos recursos naturais pelas comunidades locais e o desenvolvimento de outras atividades geradoras de renda para essas populações, como o ecoturismo (Brockeman et al., 2002).

Outro desafio é a necessidade de tomada de decisões de manejo com poucos dados ecológicos. Essa situação só pode ser sanada com o aumento das pesquisas nas áreas, mas pode ser mitigada com a valorização do conhecimento tradicional das comunidades locais. Muitas vezes, essas comunidades conhecem a dinâmica dos ecossistemas e das espécies presentes na região.

O mapeamento, o reconhecimento e a resolução de conflitos são também partes integrantes do cotidiano da gestão da maioria das áreas protegidas. Em geral, os conflitos podem se dar entre os gestores da unidade e as comunidades locais, tendo em vista o uso dos recursos naturais; entre as comunidades estabelecidas e pessoas ou grupos de fora da região; entre atores de diferentes contextos culturais e sociais interessados na área protegida; entre as distintas comunidades. Superpostos aos conflitos locais, há os conflitos de interesse das instituições que possuem algum envolvimento com a área protegida, como a gestora da unidade, as organizações não-governamentais (ONGs) que trabalham na região, os operadores de turismo e as empresas públicas ou privadas que desenvolvem atividades potencialmente impactantes na região (Brandon et al.,1998).

Relações das áreas protegidas com suas circunvizinhanças

Na década de 1980, surgiram inúmeras tentativas de integrar e aproximar as áreas protegidas das comunidades locais. Muitas dessas tentativas partiram do pressuposto que a gestão das unidades de conservação deveria tratar das necessidades das comunidades locais e não apenas das atividades tradicionais de manejo. A idéia dessa estratégia é conseguir aliados para a conservação da biodiversidade a longo prazo, promovendo a melhoria das condições de vida dessas populações.

Recentemente, um estudo sobre o entorno de nove unidades de conservação de proteção integral, distribuídas em 10 estados brasileiros, mostrou que a gestão da área se torna mais eficiente quanto maior é o envolvimento das comunidades locais. Nessa análise, vários aspectos foram examinados, tais como o grau de organização dos atores sociais, os impactos na geração de emprego e renda, a influência das experiências em questão sobre as políticas públicas e o impacto sobre a biodiversidade. As principais lições desse estudo podem ser assim resumidas: é necessário lidar com a complexidade das situações que envolvem conservação da biodiversidade e populações humanas; o que acontece fora da unidade de conservação influencia o que se quer conservar em seu interior; quanto mais participação, organização e informação, menos conflituosa e mais eficiente é a gestão da unidade; e quanto mais alternativas para a geração de renda das comunidades locais, maior sucesso na conservação da biodiversidade tem sido obtido (Soares et al., 2002).

Presença humana em unidades de conservação

A questão das populações humanas residentes nas unidades ou em seu entorno é um dos grandes desafios das áreas protegidas. Infelizmente, o conflito, a expulsão e a realocação das populações que vivem dentro dos limites das áreas protegidas e o convívio difícil têm sido a regra desde o estabelecimento das primeiras áreas protegidas no Ocidente. Somente nos últimos anos, os gestores das unidades de conservação passaram a adotar uma estratégia de aproximação e busca de alianças com as populações, mas há ainda um longo caminho a ser percorrido, na imensa maioria dos casos.

A exclusão das populações humanas é essencialmente injusta, pois dela deriva-se a distribuição desigual dos sacrifícios: algumas populações são direta ou indiretamente beneficiadas com a melhoria da qualidade ambiental derivada da proteção de determinadas áreas, enquanto outras são privadas das terras que ocupavam tradicionalmente, sendo, em geral, realocadas em locais e condições indefensáveis. É injusta também porque muitas das populações beneficiadas são aquelas responsáveis pelo modelo predatório, que resultou na necessidade de se reservar áreas para a proteção ambiental, enquanto as populações sacrificadas são aquelas que conservaram, por meio do uso tradicional da terra e dos recursos naturais, as poucas áreas naturais ainda existentes e por isso pagam um preço muito alto: sua destruição cultural e social.

A generalização do modelo de conservação baseado na exclusão das populações humanas acabou por resultar na adoção, por muitas das legislações nacionais, dessa alternativa. Por conseguinte, as populações devem ser removidas e realocadas, por força da lei, mesmo que não haja evidência de que sua presença seja uma ameaça à integridade dos ecossistemas locais ou da biodiversidade (Colchester, 1997).

As áreas protegidas no cenário nacional

A falta de condições de implementação e gestão das áreas tem sido também um grande desafio, ao lado da baixa prioridade que as unidades de conservação possuem dentro das políticas de Estado. É interessante observar que, dentro dessa baixa prioridade, a criação das áreas protegidas possui um apelo maior do que sua implementação, uma vez que pode atrair atenção e até mesmo votos, enquanto a implementação ocorre silenciosamente. A vontade política de estabelecer novas áreas protegidas é afetada por seus custos econômicos e políticos. Essas iniciativas podem ser também minadas pelo debate sobre o que é melhor: novas áreas ou a consolidação das já existentes (Dourojeanni, 2002).

A existência das unidades de conservação dá margem também à síndrome do "já-estamos-protegendo-a-natureza-nas-áreas-protegidas-então-o-resto-do-planeta-pode-ser-destruído". Ela é muito freqüente nos setores não-ambientais dos governos e mesmo junto à sociedade. Para combatê-la, só a maior conscientização sobre as limitações das áreas protegidas e sobre a necessidade de políticas mais amplas de conservação da biodiversidade.

Monitoramento da eficiência da unidade de conservação

Verificar se uma área protegida assegura a conservação da biodiversidade e a manutenção dos processos ecológicos é outro desafio, principalmente porque a natureza é dinâmica. Indicadores de sucesso na conservação são difíceis de se obter, mas conjuntos de indicadores têm sido desenvolvidos e aplicados com êxito. Além da aplicação desses indicadores, a eficiência do manejo da unidade também deve ser avaliada por meio de indicadores da adequação do desenho da área e de como o manejo vem sendo conduzido.

O desenho de uma determinada unidade de conservação inclui, além de seu tamanho e forma, a existência das zonas de amortecimento e de conexões entre ela e outras áreas naturais. Um desenho não adequado pode conduzir a problemas derivados da fragmentação de hábitats e da insularização.

O exame da eficiência direta do manejo é fundamental. Trata-se de avaliar como as atividades de manejo respondem aos desafios cotidianos da área, incluindo o planejamento, a capacitação, a resolução de conflitos e a participação dos atores sociais interessados. Para todos esses aspectos, sistemas de avaliação têm sido desenvolvidos e aplicados com sucesso em várias partes do mundo (Hockings et al., 2000).

É possível conservar a biodiversidade nas áreas protegidas?

A Convenção sobre Diversidade Biológica, aberta para assinaturas na Rio-92[2] e ratificada pelo Brasil em 1994 (Decreto Legislativo nº 2), consolidou, em seu art. 2º, uma definição bastante ampla de biodiversidade:

> variabilidade entre organismos vivos de todas as origens compreendendo, entre outros, os ecossistemas terrestres, marinhos e outros ecossistemas aquáticos e os complexos ecológicos de que fazem parte; compreendendo ainda a diversidade dentro de espécies, entre espécies e de ecossistemas.

Paralelamente, nas últimas décadas, cresceu a percepção da interconexão entre esses vários níveis de diversidade biológica, tornando o desafio da proteção da biodiversidade ainda maior e mais complexo.

Como descrito, as áreas protegidas passaram por uma significativa transformação de seus objetivos desde sua concepção. Enquanto isso acontecia, a importância da conservação da biodiversidade aumentava e, ao mesmo tempo, vários outros instrumentos para sua proteção foram concebidos. Alguns deles nasceram da idéia de desenvolvimento sustentável, como o zoneamento. Mas, ainda hoje, as unidades de conservação são o "carro-chefe" das estratégias de manutenção da biodiversidade em grande parte do mundo ocidental.

Apesar da popularidade, as áreas protegidas estão longe de se converterem na solução para o desaparecimento da biodiversidade. São vários os motivos: pri-

---

[2] Conferência das Nações Unidas sobre Meio Ambiente e Desenvolvimento, realizada no Rio de Janeiro, em 1992, também conhecida como Eco-92.

meiro, há que se considerar que 11,5% da superfície terrestre[3] é uma amostra muito reduzida para preservar as espécies e toda sua diversidade. Segundo, destes 11,5%, uma parte significativa está localizada em áreas de baixa biodiversidade, como a calota de gelo da Groenlândia (Terborgh e Van Schaik, 2002), e há biomas com alta diversidade de espécies e ecossistemas não abarcados por áreas protegidas. Uma terceira razão é a quantidade de áreas protegidas criadas apenas oficialmente, os chamados parques de papel; áreas estabelecidas por documentos oficiais, que entram nas contagens oficiais, mas que não estão nem demarcadas, nem implementadas. Por último, vale mencionar um motivo mais complexo, as áreas protegidas – por mais quantidade de terra que abarquem – não conseguirão, sozinhas, conservar a biodiversidade do planeta, pois os processos que geram e mantêm essa diversidade ocorrem numa escala que transcende as dimensões usuais das áreas protegidas. Ou seja, enquanto não houver estratégias complementares, além dos limites das áreas protegidas, a conservação dentro dessas áreas estará ameaçada.

Brandon e outros (1998), analisando nove estudos de casos em parques na América Latina, afirmam que as áreas protegidas são extremamente importantes para a conservação da biodiversidade, mas dar a elas toda a responsabilidade pela manutenção dela é a receita para o fracasso ecológico e social. Esses autores enfocam a afirmação sob quatro prismas:

- político – a maior parte dos desafios enfrentados para a conservação da biodiversidade é política e está relacionada ao debate de quem detém a biodiversidade;
- biológico – o desenvolvimento sustentável tem limitações como ferramenta básica para a conservação da biodiversidade;
- social – a efetividade do manejo das áreas protegidas depende da compreensão do contexto social em diversas escalas de análise;
- conceitual – a busca e implementação de soluções para os desafios da conservação da biodiversidade, dentro e fora das áreas protegidas, requer uma nova era conceitual.

Vale dizer que para a efetiva conservação da biodiversidade não seria necessário apenas um conjunto de unidades de conservação, mesmo que esse conjunto

---

[3] No número, 11,5%, só estão incluídas as áreas protegidas terrestres. Se somarmos as áreas marinhas e comparamos com a superfície total do planeta coberta por áreas protegidas, o valor cai para 3,4%.

fosse bastante significativo, pois o uso dos recursos biológicos fora dos limites das áreas protegidas é fundamental para a manutenção dos processos ecológicos. Parte dos desafios que enfrentam as áreas protegidas pode ser resolvido com a criação, implementação efetiva, manejo eficiente e democratização das unidades, mas o desafio da conservação da biodiversidade só será vencido com estratégias e políticas mais amplas que lidem com a gestão do território de forma integrada, considerando todos os usos da terra e dos recursos naturais.

Para saber mais

Sobre o mito da natureza intocada

O livro *O mito moderno da natureza intocada*, de Antônio Carlos Diegues, editado pela Universidade de São Paulo (1994), trata exaustivamente desse tema, com muitos exemplos ilustrativos. Os capítulos de William Cronon, no livro *Uncommon ground*, fornecem reflexões mais profundas sobre a parcela cultural da natureza e suas implicações para a concepção ocidental de natureza. Fruto de um seminário interdisciplinar, realizado na Universidade da Califórnia, o livro traz ainda outros capítulos interessantes para a reflexão do que é a natureza e qual é o papel da humanidade (Olwig, 1995).

Sobre a história da negociação e tramitação da Lei do Sistema Nacional de Unidades de Conservação (Snuc)

O capítulo de Maurício Mercadante, intitulado "Uma década de debate e negociação: a história da elaboração da Lei do Snuc", no livro *Direito ambiental das áreas protegidas*, editado em 2001 pela Forense Universitária, conta com detalhes essa história, revelando os pontos de conflito das diversas propostas e os caminhos que conduziram, finalmente, à aprovação da lei. Outra fonte digna de consulta é *Socioambientalismo e os novos direitos*, de Juliana Santilli, editado pela Peirópolis, em parceria com o Instituto Socioambiental e o Instituto Internacional de Educação do Brasil, em 2005, que traz um excelente histórico da tramitação da Lei do Snuc e um interessante resumo das divergências entre as concepções conflitantes.

Sobre o programa de trabalho sobre áreas protegidas da Convenção sobre Diversidade Biológica, consulte o site oficial da convenção: <www.biodiv.org>.

2

Situação atual

As áreas protegidas no Brasil e no mundo

Não é fácil saber quanto da biodiversidade mundial está abarcada pelas áreas protegidas. O primeiro desafio é saber quantas são as áreas no planeta. Segundo os dados de 2003 da World Database on Protected Areas[4] existem cerca de 100 mil áreas protegidas, cobrindo aproximadamente 18 milhões de quilômetros quadrados. Neste número estão embutidas as áreas terrestres e marinhas, bem como uma boa parte das áreas privadas de conservação. Há também nesse total várias áreas que não pertencem às categorias da IUCN descritas no primeiro capítulo. A soma total dessas áreas representa 3,4% da superfície do planeta, mas se considerarmos que grande parte das áreas protegidas está em ambientes terrestres, cerca de 17 mil, chegamos a um total de 11,5% da superfície terrestre do planeta. Esses números refletem o significativo crescimento das áreas protegidas nas últimas décadas, principalmente como resposta à conversão, sem precedentes, de ambientes naturais em áreas para outros usos (Brandon et al., 1998). A figura 1 apresenta o percentual de áreas protegidas de cada categoria da IUCN.

---

[4] Banco de dados sobre áreas protegidas, em inglês. Trata-se do banco mantido pela IUCN (União Mundial para a Conservação) sobre as áreas protegidas em todo o mundo.

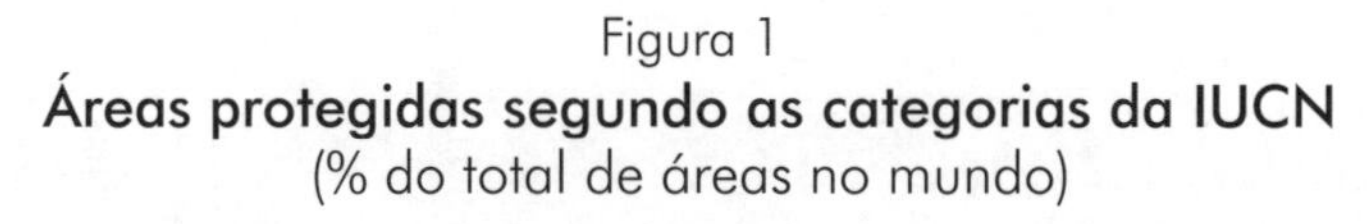

Figura 1
Áreas protegidas segundo as categorias da IUCN
(% do total de áreas no mundo)

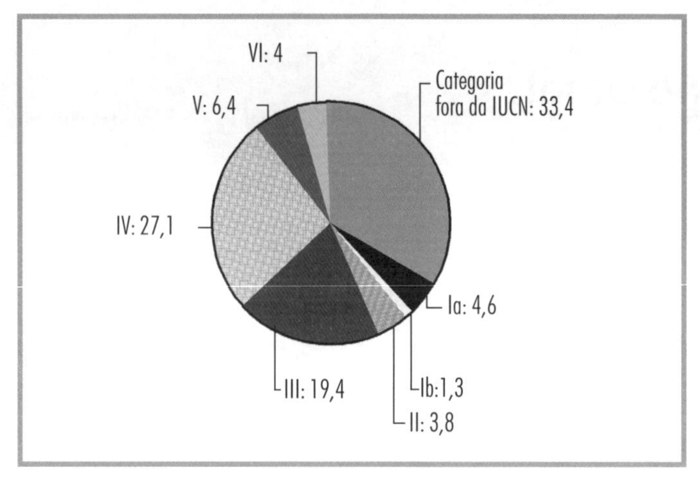

Outra informação interessante é o exame de quanto de cada hábitat está em áreas protegidas. Esses dados são apresentados na tabela 1. Entretanto, para se ter uma boa idéia do cenário da conservação da biodiversidade, temos que excluir desses números os parques de papel – áreas protegidas oficialmente estabelecidas, mas não implementadas – bem como áreas localizadas em sítios de biodiversidade insignificante, como as calotas polares (Terborgh e Van Schaik, 2002). A segunda exclusão ainda seria passível de ser realizada, mas a primeira – a exclusão dos parques de papel – é muito complexa, não apenas por falta de dados sobre o grau de implementação das áreas protegidas em muitos países, como também pela dificuldade que se apresenta para traçar uma linha entre áreas implementadas e não implementadas.

Além disso, o cenário da conservação da biodiversidade por intermédio das áreas protegidas possui outras nuanças. A avaliação de quanto da biodiversidade está sendo mantida depende de uma série de outros fatores como a representatividade dos ecossistemas abarcados pela unidade de conservação, a extensão da área, o uso da terra e dos recursos naturais nas circunvizinhanças da unidade, a proteção dos processos ecológicos e a conectividade. Assim, a tentativa de dimensionar a biodiversidade efetivamente protegida pelas atuais áreas de conservação, no mundo, parece fadada ao fracasso.

Tabela 1

Tipos de hábitats, extensão global e cobertura de áreas protegidas

(Inclui todas as áreas da figura 1)

Tipo de hábitat	Extensão total (km²)	Extensão em áreas protegidas	Percentual protegido
Floresta de coníferas temperada e boreal	11.425.000	1.514.000	13,3
Floresta temperada e mista	10.180.000	1.240.000	12,2
Floresta tropical úmida	10.392.000	2.471.000	23,8
Floresta tropical seca	2.716.000	399.000	14,7
Savana	15.368.000	1.878.000	12,2
Vegetação arbustiva	5.611.000	692.000	12,3
Campos	14.284.000	1.478.000	10,3
Áreas úmidas (pantanais)	3.429.000	434.000	12,7
Desertos	45.474.000	4.589.000	10,1
Mar Cáspio	375.000	4.000	1,1
Marinho	361.800.000	1.634.000	0,5
Artificial terrestre	24.421.000	1.880.000	7,7
Artificial marinho	3.167.000	170.000	5,4

Fonte: Mulongoy e Chape, 2003.

Outro ponto a ser considerado refere-se às diversas categorias diferentes de áreas protegidas. Como apresentado no quadro 1, as áreas protegidas podem ser muito diferentes em seus objetivos e, conseqüentemente, possuem efeitos distintos sobre a conservação da biodiversidade.

No Brasil, atualmente 10,52% da superfície do país está coberta por unidades de conservação, o que representa 101.474.971 hectares. Do percentual total, 6,34% são áreas de proteção integral e 3,53% de uso sustentável, conforme dados compilados pelo Instituto Socioambiental em 2004 e gentilmente cedidos à autora.

Algumas unidades, como as áreas de proteção ambiental (Apas) não possuem boa reputação como importantes para a conservação da biodiversidade; essa má fama, entretanto, está mais relacionada ao seu baixo grau de implementação e, conseqüentemente, à sua ineficiência, do que com as diretrizes teóricas que regem essa modalidade de área protegida. Ou seja, há inúmeras "Apas de papel". Outras categorias também apresentam problemas similares, ainda que em menores quantidades. Um estudo realizado pelo WWF Brasil[5] (Ferreira et

[5] Fundo Mundial para Natureza, ONG ambientalista presente em 48 países do mundo. Disponível em: <www.wwf.org.br>.

al., 1999), usando um questionário dirigido aos chefes de todas as unidades de conservação de proteção integral existentes no país na época, mostrou que apenas 54,6% dessas unidades poderiam ser consideradas minimamente implementadas.

Por outro lado, vale ressaltar os resultados de um estudo sobre a efetividade dos parques na proteção da biodiversidade tropical (Bruner et al., 2001). Neste, foram considerados 93 parques submetidos a significativas pressões de uso, em 22 países tropicais, entre os quais o Brasil. Os parques foram avaliados também por meio de questionários e revelaram resultados muito positivos em relação à prevenção de desmatamento: apenas 17% dos parques tiveram áreas desmatadas desde seu estabelecimento. Os autores afirmam, em suas conclusões, que a idéia de que a maioria dos parques nos trópicos são parques de papel não procede, pois dado o contexto de falta crônica de recursos financeiros e de significativa pressão de uso, os parques têm sido surpreendentemente efetivos em proteger seus ecossistemas e espécies, principalmente evitando o desmatamento.

Ainda assim, para uma avaliação concreta da efetividade das unidades de conservação brasileiras na manutenção da biodiversidade, falta um elemento fundamental: a análise da representatividade, ou seja, se essas áreas efetivamente protegem porções quantitativa e qualitativamente significativas dos ecossistemas presentes no país.

Além disso, apesar da eficiência das áreas protegidas em diminuir as taxas de desmatamento, a manutenção da cobertura vegetal não assegura a integridade da biodiversidade. Por exemplo, recentemente, estimou-se que 1/3 das espécies de árvores dos remanescentes de Mata Atlântica do Nordeste se extinguirão regionalmente devido à ausência de seus dispersores de sementes, a maioria aves ou mamíferos (Silva e Tabarelli, 2000). Os autores desse estudo enfatizam a necessidade de um novo paradigma de conservação para a Mata Atlântica, que não se limite em transformar os fragmentos remanescentes em reservas, mas que conecte esses fragmentos, não apenas numa escala local, mas dentro de um planejamento regional.

Levando isso em conta, as listas de áreas protegidas existentes adquirem uma nova coloração, ou seja, apesar da possibilidade de saber quantos hectares são cobertos pelas unidades de conservação brasileiras, isso não quer dizer muito sobre quanto da nossa biodiversidade está efetivamente protegida. Para a existência de um sistema eficiente de áreas protegidas, seria necessário haver, como parte integrante do sistema, entre outros elementos, além das unidades de conservação *stricto sensu*, uma série de outros espaços especialmente protegidos, como terras indígenas, áreas de preservação permanente e reservas legais, que funcionassem como elementos de conectividade entre as unidades. Também seria importante um especial cuidado com as áreas de entorno, para que essas fizessem seu papel de tampões, minorando os impactos do uso da terra e dos recursos naturais fora das unidades e, conseqüentemente, protegendo sua biodiversidade.

A questão das categorias das áreas protegidas é também digna de nota: a concepção de um verdadeiro sistema de unidades de conservação deveria aproveitar a diversidade de categorias para estabelecer unidades apropriadas para cada contexto, criando inclusive mosaicos de áreas protegidas para contemplar a diversidade de situações que são encontradas. O caso do Parque Nacional Mochima, na Venezuela, ilustra bem as conseqüências do estabelecimento de uma categoria de área protegida inadequada ao contexto local: o parque foi imposto a comunidades locais que habitavam a área há muito tempo. Como não era possível manejar a área como um parque nacional, seus gestores tentaram manejá-la como uma reserva da biosfera.[6] Como não havia sido desenhada para ser uma reserva da biosfera, o marco legal em vigor não permitia que os residentes do parque se beneficiassem com os recursos oriundos do ecoturismo. Assim, ao invés do aproveitamento das características da área e da criação de uma unidade de conservação de categoria adequada, o estabelecimento do parque gerou moradores furiosos, gestores frustrados e perda de biodiversidade (Brandon, 2002).

A angústia da escolha: critérios para a seleção e o desenho das áreas protegidas

Originalmente, as áreas destinadas a se tornarem parques nacionais eram aquelas que possuíam paisagens de beleza excepcional. O exemplo dos primeiros parques nacionais norte-americanos criados – Yellowstone, Yosemite, Grand Canyon, Rainier, Zion – ilustra bem esse critério. Somente na década de 1940, com o estabelecimento do Parque Nacional de Everglades, criado para proteger pântanos na Flórida, outros critérios começaram a ser levados em conta (Cronon, 1995).

---

[6] Modelo de gestão integrada da terra e dos recursos naturais reconhecido pela Unesco, que congrega áreas com diferentes graus de atividades humanas.

O desenvolvimento da teoria de biogeografia de ilhas, na década de 1960, e sua posterior utilização na conservação, na década seguinte, inaugurou uma nova era nos debates sobre os critérios de alocação e desenho de reservas. No quadro 3, é possível encontrar um resumo dessa teoria. Logo após seu aparecimento, os ecologistas reconheceram sua aplicação potencial para a conservação e em 1975, usando a teoria como base, Jared Diamond propôs que as reservas naturais fossem consideradas ilhas com taxas de extinção previsíveis. Diamond também sugeriu que as taxas de extinção poderiam decrescer se as áreas protegidas fossem desenhadas segundo alguns princípios da teoria de biogeografia de ilhas: reservas grandes são preferíveis a reservas pequenas; uma reserva é melhor do que várias de tamanho cumulativo equivalente; reservas próximas são preferíveis a reservas mais espaçadas; reservas agrupadas em torno de um centro são melhores do que aquelas dispostas em linha; reservas circulares são preferíveis a reservas alongadas; e reservas conectadas por corredores são preferíveis a reservas não conectadas. Essas sugestões foram imediatamente criticadas; por exemplo, Simberloff e Abele (1976) afirmavam que a teoria não justificava diretamente a preferência pelas áreas grandes ao invés de diversas pequenas, além de que essa sugestão de desenho seria pouco realista dadas as condições ecológicas. Tais críticas, entre outras, deram início a uma contínua controvérsia sobre o papel da teoria de biogeografia de ilhas no desenho de áreas protegidas.

A sugestão de Diamond de que reservas grandes são melhores do que reservas pequenas revelou-se altamente controversa. Duas outras de suas sugestões – reservas circulares são preferíveis a reservas alongadas e reservas conectadas por corredores são preferíveis a reservas não conectadas – também causaram bastante discussão. O debate acerca do tamanho preferencial das áreas protegidas ganhou até mesmo um acrônimo: Sloss (*single large or several small).*[7] Apesar de o debate prosseguir, alguns autores acreditam que a ênfase que a teoria de biogegrafia de ilhas dá à diversidade de espécies limita sua aplicação ao desenho de reservas, pois este envolve outras considerações importantes, como a raridade das espécies e a representatividade dos hábitats (Shrader-Frechette e McCoy, 1993).

---

[7] Uma grande ou várias pequenas, em inglês.

Quadro 3
A teoria de biogeografia de ilhas

A teoria de biogeografia de ilhas foi desenvolvida por MacArthur e Wilson (1963 e 1967) para explicar como o número de espécies numa ilha se mantém aproximadamente constante enquanto a composição taxonômica desse conjunto de espécies muda ao longo do tempo. Eles sugeriram que os organismos numa ilha estão em um equilíbrio dinâmico, isto é, enquanto algumas espécies estão colonizando a ilha, outras estão se extinguindo. Segundo MacArthur e Wilson, a taxa de colonização depende da distância entre a ilha e a fonte das espécies potenciais colonizadoras, logo ilhas mais próximas da fonte possuem uma taxa mais alta de colonização. Já a extinção depende do tamanho da ilha, ilhas menores possuem taxas mais altas de extinção. Esses autores propuseram que a taxa de colonização e a taxa de extinção, quando consideradas simultaneamente, fornecessem um número previsível de espécies em equilíbrio, mantido ao longo do tempo e uma taxa de *turnover* (troca) das espécies também previsível e mantida ao longo do tempo.

Desde sua proposição original, a teoria já passou por algumas transformações que relacionaram a taxa de colonização com o tamanho da ilha e a taxa de extinção também com a distância da fonte potencial de colonizadores, dado que a imigração de indivíduos de uma espécie que já está presente na ilha pode retardar a extinção local da espécie.

Foram desenvolvidos inúmeros métodos para seleção e desenho de áreas prioritárias para a alocação de reservas mas, paralelamente, continuaram surgindo áreas protegidas, fruto de oportunismo. Atualmente, acredita-se que a representatividade em um conjunto de áreas protegidas, para assegurar a máxima proteção possível da biodiversidade, é colocada em risco por esse oportunismo, pois há recursos limitados para as reservas que acabam usados em áreas menos importantes. Os sistemas de unidades de conservação possuem, em geral, uma amostra enviesada da biodiversidade, dado que muitas reservas foram alocadas em locais remotos ou simplesmente em áreas que não apresentavam nenhum outro uso potencial. Há uma percepção crescente de que as áreas protegidas têm maiores possibilidades de desempenhar um papel fundamental na conservação da biodiversidade se fizerem parte de um sistema representativo, ou seja, um sistema que contenha o maior número possível de exemplos de elementos característicos da biodiversidade. Assim, os critérios desenvolvidos nas últimas décadas consideram não apenas uma área onde eventualmente seria alocada uma unidade de conservação, mas a combinação entre diversas áreas para assegurar um conjunto representativo de reservas.

Um exemplo de como o enfoque visando cada área individualmente é pouco eficiente foi descrito por Rebelo e Siegfried (1992), avaliando as estratégias de proteção da vegetação da região do Cabo, na África do Sul, uma das mais impressionantes concentrações de diversidade florística e endemismo[8] do planeta. Esses autores concluíram que o conjunto de reservas existentes é tão pouco eficiente na proteção das espécies vegetais quanto um conjunto de áreas gerado aleatoriamente.

Um método interessante desenvolvido por Pressey e outros (1993) para a seleção de novas áreas para a conservação da biodiversidade, considerando a escala regional e a representatividade, baseia-se em três princípios: complementaridade, flexibilidade e raridade. A complementaridade refere-se à estratégia de se verificar, antes da definição do local da unidade de conservação, o que as outras reservas da região contêm, visando selecionar uma área cujas características complementem as já presentes nas outras unidades. Esse princípio é importante, pois, na maioria das regiões, as parcelas que serão destinadas à conservação são limitadas, ainda que não haja clareza sobre esses limites. A flexibilidade diz respeito às formas de combinação de locais para formar um conjunto representativo de áreas protegidas. A existência dessas combinações permite que haja espaço para negociar e para, se possível, evitar conflitos. A raridade trata da freqüência em que os locais importantes para a conservação da biodiversidade ocorrem em cada uma das combinações que formam um conjunto representativo de reservas. A raridade mede a contribuição potencial de um local para o objetivo de conservação e a diminuição de opções, para a consecução de um conjunto representativo de áreas protegidas, derivada da perda do local em questão. Quando colocados em prática, entretanto, ressalvam os autores, esses princípios devem ser aplicados levando-se em conta outros fatores, como a viabilidade das populações que serão abrangidas pelas reservas. Ressaltam também que a definição de representatividade não deve se limitar aos tipos de solo e de vegetação e às populações das espécies, mas deve considerar as dinâmicas temporais e espaciais que atuam sobre as paisagens e populações.

Outros métodos foram desenvolvidos considerando, além desses três princípios, outros elementos, como a diversidade taxonômica, as ameaças à integridade da área, os custos e o uso da terra na região. Apesar de muitos deles serem dignos de um exame mais aprofundado, o que se deve ressaltar é que a idéia de um planejamento regional e a preocupação com a representatividade estão presentes em todos eles.

---

[8] O termo endemismo refere-se à presença de espécie exclusivamente em um determinado local, ambiente ou bioma.

Margules e Pressey (2000) apresentam um arcabouço para o planejamento da seleção e do desenho de áreas protegidas dividido em seis passos: mensuração e mapeamento da biodiversidade; identificação dos objetivos de conservação da região; revisão das reservas existentes; seleção de áreas protegidas adicionais; implementação das atividades de conservação; e manejo e monitoramento das reservas.

O primeiro desses estágios, a mensuração e mapeamento da bioversidade, esbarra no nosso limitado conhecimento da complexidade da biodiversidade. Os sistemas biológicos são organizados de forma hierárquica, desde o nível molecular até os ecossistemas, e seus níveis de organização – indivíduos, populações, espécies, comunidades, ecossistemas – são heterogêneos. Diante da impossibilidade de lidar com tamanha complexidade, mas considerando que mantê-la é o principal objetivo da conservação, resta utilizar os conhecimentos já existentes e fazer medidas parciais da biodiversidade para estimar a semelhança ou a diferença entre as áreas a serem analisadas numa região. Um método que tem sido bastante utilizado é a designação de um grupo de espécies – plantas vasculares, vertebrados ou borboletas – como indicador da existência de significativa biodiversidade na área. Apesar da popularidade desse método questiona-se a sua efetividade: alguns resultados sugerem que ele funciona bem, outros têm sido pouco encorajadores. O uso de outros níveis hierárquicos de organização, como conjuntos de espécies, tipos de hábitats e ecossistemas, possui menor precisão biológica mas oferece outras vantagens, pois pode abarcar mais dos processos ecológicos que contribuem para a manutenção das funções dos ecossistemas e há maior disponibilidade de dados sobre eles. A conclusão é que a decisão de que informação e que método utilizar para estimar a biodiversidade da área depende de muitos fatores, inclusive da disponibilidade de dados, diferente em cada caso. Outras informações, como a propriedade e posse das terras, estradas, rios e ameaças à intregridade da região, devem ser coletadas e também consideradas.

O segundo passo, identificação dos objetivos de conservação da região, consiste na tradução da representatividade e da persistência das reservas em objetivos mais específicos e, se for possível, quantitativos, que permitam avaliar as áreas protegidas já existentes e medir o valor de conservação das áreas durante o processo de seleção das novas reservas.

O terceiro passo está conectado ao quarto, ou seja, há necessidade de avaliar as reservas existentes para selecionar áreas protegidas adicionais. Avaliar o quanto do objetivo de conservação já foi atingido pelas unidades existentes ajuda a definir o quanto falta. Os métodos desenvolvidos para tal objetivo são conhecidos como análise de lacunas de representatividade. No quadro 4, é possível encontrar um resumo da análise global de lacunas realizada recentemente pelo Center for Applied Biodiversity Science.[9] O estágio seguinte, a seleção de áreas protegidas adicionais, conta atualmente com uma ferramenta de decisão bastante eficaz. Trata-se de algoritmos que podem ser utilizados para avaliar distintas situações, como, por exemplo, a inclusão ou não de determinadas áreas, o custo de aquisição e os custos de oportunidade de outros usos. Essa ferramenta fornece uma base para a negociação, uma vez que permite a avaliação concreta das diversas opções de alocação e desenho das futuras unidades de conservação.

O quinto estágio, implementação das atividades de conservação, requer um conjunto completamente diferente de atividades. Esse passo implica a articulação de várias pessoas, agências, instituições e interesses comerciais. E, apesar de não mencionado pelos autores, deve ser frisado que é esse o momento onde o gestor, munido com as diversas opções de alocação e desenho, fornecidas pelas ferramentas técnicas, começa a negociar, mapear e dirimir os conflitos que certamente surgirão nessa fase de implementação da unidade.

Por fim, restam as atividades de manejo e monitoramento das reservas. Apesar dessa etapa não fazer parte do processo de seleção e desenho das áreas, é, ainda assim, um estágio fundamental, pois é nessa fase que os problemas surgem, muitas vezes derivados do processo de seleção e desenho das áreas. Algumas considerações, levadas em conta nos estágios anteriores, como o desenho dos limites da unidade respeitando as bacias hidrográficas, a manutenção das rotas de migração das espécies e a negociação com os vizinhos, podem antecipar problemas no manejo. No capítulo 4, alguns desses problemas envolvendo populações humanas são discutidos.

---

[9] Centro para a Ciência Aplicada da Biodiversidade, em inglês. Trata-se de um centro de pesquisas aplicadas da ONG Conservation International, localizado em Washington, DC, nos Estados Unidos. Disponível em: <www.conservation.org>.

Quadro 4

Análise global de lacunas – Center for Applied Biodiversity Science

Essa análise teve como objetivo a avaliação do grau de adequação da rede mundial de áreas protegidas, com a finalidade de nortear sua consolidação e futura expansão. Para sua realização, foram utilizadas as seguintes bases de dados: World Database on Protected Areas (base de dados mundial sobre áreas protegidas), com mais de 100 mil registros; e os mapas de distribuição de espécies, com 11.171 espécies, sendo 1.183 aves mundialmente ameaçadas; 4.734 mamíferos, dos quais 978 ameaçados; e 5.254 anfíbios, dos quais 1.467 ameaçados.

Para a avaliação das áreas, consideraram-se dois parâmetros: a raridade, ou o quanto a área em questão é insubstituível; e o grau de ameaça. Locais considerados insubstituíveis e com excepcional grau de ameaça foram identificados como prioritários.

Os resultados obtidos, que mostram que a rede mundial de áreas protegidas está longe de atingir uma cobertura completa das espécies de vertebrados, podem ser assim resumidos: não existem unidades de conservação nas áreas de distribuição de pelo menos 1.310 espécies, das quais 831 em risco de extinção; os anfíbios são menos protegidos que as aves e os mamíferos; as áreas identificadas como prioritárias para o estabelecimento de novas unidades de conservação e para a consolidação das já existentes estão localizadas em grande parte nas florestas tropicais e nas ilhas; a Ásia é o continente prioritário para a expansão de áreas protegidas; na África e na América do Sul, a prioridade é a consolidação das unidades de conservação já existentes; o total de áreas protegidas que cada país possui não é um indicador preciso sobre o quanto deveria ainda ser protegido em unidades de conservação.

O estudo em questão aponta o endemismo como um indicador mais adequado.

Fonte: Rodrigues et al., 2003.

Em terras brasileiras

No Brasil, não foi diferente. O estabelecimento das primeiras unidades de conservação, os parques nacionais, obedeceu a critérios estéticos e, só mais tarde, inclusive com a criação de novas modalidades de áreas protegidas, critérios supostamente mais técnicos foram adotados.

Dias (1994) assinala a mudança de perspectiva relacionada com a finalidade das áreas protegidas entre o antigo Código Florestal de 1934 e o novo código de 1965: enquanto a ênfase, no primeiro código, era a proteção de ecossistemas de grande valor estético e cultural, no novo Código Florestal, o enfoque passou a ser a proteção de ecossistemas com espécies ameaçadas ou com estoques comerciais em declínio. Na tentativa de fazer uma cronologia das motivações que conduziram à criação das unidades de conservação no Brasil, aquele autor considera a proteção de ecossistemas representativos da biodiversidade como linha dominante na década de 1970; a conservação da biodiversidade com vistas ao uso potencial para a biotecnologia e para a manutenção das funções ecológicas essenciais, na década de 1980, e, nos anos 1990, a conservação da biodiversidade em diferentes sistemas econômicos de produção sustentável. Barreto Filho (1999), comentando essa cronologia, afirma que, apesar de reconhecer alguns desses enfoques como predominantes em determinados momentos, acredita "ser mais sensato admitir que motivações e interesses variados tenham movido distintos agentes situados em diferentes instâncias, a propor a criação e a implementar unidades de conservação no Brasil e no contexto internacional".

O exemplo da evolução dos critérios para a seleção de áreas para as unidades de conservação na Amazônia brasileira, descrito a seguir, ilustra bem o comentário de Barreto Filho. Segundo Silva (1997), a primeira tentativa de identificação de áreas para o estabelecimento de unidades de conservação foi realizada no âmbito do Projeto Radam (1973-83). O critério de tal identificação baseava-se em fenômenos geológicos e geomorfológicos singulares, entretanto, muitas das áreas que foram identificadas como apropriadas para a conservação não possuíam nenhuma outra possibilidade de uso. Posteriormente, em 1976, surgiu uma nova proposta. Seus autores – Wetterberger, Jorge-Pádua, Castro e Vasconcellos – propuseram priorizar áreas com alta concentração de endemismo, identificadas segundo a teoria dos refúgios, que associa a maior diversidade biológica da Amazônia aos refúgios do Pleistoceno, áreas que teriam permanecido cobertas com florestas durante as glaciações do Quaternário. Como as análises biogeográficas apontavam diferentes refúgios para os diversos grupos de organismos, esses autores sugeriram que as áreas prioritárias seriam aquelas que fossem refúgios para o maior número possível de grupos de organismos.

Paralelamente, a Sema (Secretaria Especial do Meio Ambiente) criava estações ecológicas e, no começo da década de 1980, estabeleceu várias unidades na Amazônia, como Anavilhanas (1981) no Amazonas, Maracá (1981), Caracaraí (1982) e Niquiá (1985) em Roraima, Maracá-Jipioca (1981) no Amapá e Rio Acre (1981) no Acre. Essas estações eram criadas "visando conservar amostras representativas dos principais ecossistemas do Brasil e propiciar condições à realização de estudos comparativos entre esses ambientes e as áreas vizinhas ocupadas pelo homem" (Brasil, Minter, Sema, 1984, citado por Barreto Filho, 1999).

Em 1990, foi realizada uma nova tentativa, o chamado Workshop 90. Nessa ocasião, a seleção das áreas para conservação foi realizada com base em análises biogeográficas de endemismo e riqueza de espécies, levando em conta, também, a ocorrência de espécies raras ou ameaçadas, a presença de fenômenos geológicos especiais e o grau de vulnerabilidade dos ecossistemas. Reconheceu-se, já naquela ocasião, que a seleção das áreas estava condicionada ao conhecimento existente sobre a Amazônia.

Tanto essa tentativa quanto o método baseado na teoria dos refúgios do Pleistoceno fundamentam-se na distribuição das espécies e possuem duas graves limitações. A primeira é que a maior riqueza de algumas espécies ocorre justamente fora das áreas de alta concentração de espécies endêmicas, como é o caso das borboletas na Amazônia. A segunda é que, para sua aplicação, necessitar-se-ia de um vasto conhecimento sobre os diversos grupos de organismos e sua distribuição. A segunda limitação é realmente grave quando se trata de ecossistemas complexos como os tropicais. Há estudos que mostram que grande parte dos centros de endemismo de plantas na Amazônia não passariam de artefatos de amostragem – onde acredita-se que haja mais espécies é porque houve maior esforço de coleta – e que certas espécies consideradas raras podem ter seu *status* revisto com a realização de novos estudos (Silva, 1997).

Diante dessas limitações, passou-se a cogitar a possibilidade de se desenvolver uma nova abordagem para a questão com base na distribuição de ecossistemas e paisagens, ao invés de espécies. Assim, em 1995, Fearnside e Ferraz fizeram uma análise de lacunas para eleger as áreas prioritárias para a conservação mas, como usaram os estados como unidades de análise, receberam inúmeras críticas. Posteriormente, sugeriu-se a combinação desse método com utilização dos interflúvios como unidades geográficas de análise. Isto é, propôs-se a análise de lacunas para identificar os tipos de vegetação – unidades de paisagem – prioritários para a conservação em cada uma das grandes regiões interfluviais amazônicas (Silva, 1997).

Outro critério advogado como importante para a seleção e desenho de novas áreas protegidas, principalmente na Amazônia, é a defensibilidade[10] (Peres e Terborgh, 1995). Muitas das unidades lá existentes contam com poucos recursos humanos e financeiros e essa situação piora por causa do desenho das áreas que não dificulta atividades ilegais, ao contrário, as facilita, o que torna mais difícil a sua proteção. Os autores desse estudo, onde se mostra, inclusive, que a maioria das unidades presentes na Amazônia é acessível por rios navegáveis ou estradas, sugerem que a defensibilidade complete as outras considerações biológicas na tarefa de selecionar e desenhar as futuras áreas protegidas.

[10] Trata-se da possibilidade concreta de defender e proteger a área.

Entre 1998 e 2000 foram organizados, sob a orientação do Ministério do Meio Ambiente, cinco seminários com o objetivo de definir áreas e ações prioritárias para a conservação no país. Em setembro de 1999, foi realizado o seminário que abordou o bioma amazônico. Nessa ocasião, foram cruzados dados sobre os diversos grupos biológicos e informações sobre projetos de infra-estrutura, uso e ocupação da terra, desmatamento, recursos minerários, entre outras. No quadro 5 é possível encontrar um resumo do seminário sobre a Amazônia, realizado em Macapá. Desse seminário e dos realizados em outros biomas, surgiu um novo mapa de áreas prioritárias que, acoplado a uma análise de lacunas de representatividade de paisagens abarcadas por unidades de conservação, norteia, pelo menos nominalmente, o estabelecimento de áreas protegidas.

Quadro 5

Seminário de consulta para avaliação e identificação de ações prioritárias para a conservação, utilização sustentável e repartição dos benefícios da biodiversidade da Amazônia brasileira — Macapá, 1999

O Programa Nacional de Diversidade Biológica (Pronabio) promoveu uma série de projetos e seminários de consulta relativos aos diversos biomas brasileiros, com o intuito de identificar ações para a conservação, utilização sustentável e repartição dos benefícios da biodiversidade em cumprimento às obrigações do país junto à Convenção sobre Diversidade Biológica e para subsidiar a elaboração de uma política nacional de biodiversidade.

Em 1999, foi iniciado o Projeto Avaliação e Identificação de Ações Prioritárias para a Conservação, Utilização Sustentável e Repartição dos Benefícios da Biodiversidade da Amazônia Brasileira, coordenado pelo Instituto Socioambiental (ISA).[11] O processo de avaliação e identificação foi dividido em três etapas: preparação de mapas-base e diagnósticos de temas-chave; realização do seminário de consulta e disseminação de resultados; e acompanhamento da implementação das ações e recomendações propostas pelos participantes do seminário de consulta. A última fase está refletida nas estratégias e políticas adotadas, incluindo a política nacional de biodiversidade.

O seminário de consulta foi realizado na cidade de Macapá, Amapá, de 20 a 25 de setembro de 1999, e contou com a participação de 226 pessoas entre representantes de organizações governamentais (federais, estaduais e municipais), organizações não-governamentais, movimentos sociais, instituições de pesquisas públicas e privadas, setor empresarial, pesquisadores brasileiros e estrangeiros e imprensa.

Com a organização dos participantes em grupos temáticos, regionais e de ações prioritárias, foi possível a obtenção, mediante ampla participação, de resultados significativos. Sete mapas regionais foram produzidos e 379 áreas foram definidas

continua

[11] Disponível em: <www.socioambiental.org>.

como prioritárias. Para cada uma dessas áreas prioritárias foi elaborada uma ficha com informações sobre localização; principais características; grau de importância biológica por grupo temático; grau de importância em termos de serviços ambientais; grau de estabilidade (inserção em unidades de conservação ou terras indígenas); grau de instabilidade (em relação à pressão antrópica e eixos/pólos de desenvolvimento; recomendações, considerando proteção, recuperação, uso sustentável dos recursos naturais, necessidade de estudos, e criação de unidade de conservação.

Também foram arroladas ações prioritárias relativas às unidades de conservação de uso indireto e uso direto; às populações tradicionais; ao uso econômico de áreas alteradas; às terras indígenas; aos pólos de desenvolvimento; e à pesquisa científica.

Os resultados desse seminário de consulta são o principal subsídio para a identificação de novas áreas de conservação e para nortear políticas de proteção e uso sustentável da biodiversidade no Brasil.

Nos seminários, foram definidas 900 áreas prioritárias em todo o país. Das recomendações para criação de unidades de conservação, já foram estabelecidas 57 novas áreas, abarcando mais de 5 milhões de hectares.

Não se pode deixar de ressaltar, entretanto, que o senso de oportunidade caminha lado a lado com os critérios técnicos de seleção de locais para o estabelecimento de unidades de conservação. Quando há uma oportunidade para a criação de uma área protegida, que contenha ecossistemas significativos, mesmo que essa área não cumpra todos os critérios técnicos adotados no momento, aproveita-se para estabelecer uma nova unidade de conservação. Apesar de, a princípio, tal procedimento ser questionável, quando analisado com mais profundidade, percebe-se que ele não somente é justificável, como pode ser também recomendável, pois a efetividade das áreas protegidas na conservação da biodiversidade depende do conjunto de unidades e das conexões entre elas. Logo, o aumento de superfície protegida, mesmo que não seja de locais altamente prioritários, pode ser positivo para o resultado final de conservação da biodiversidade. Não obstante, como mencionado acima, muitas vezes o oportunismo acaba trazendo prejuízos, já que os recursos para a conservação são limitados e acabam destinados a áreas pouco importantes. Mesmo assim, muitas unidades de conservação importantes no Brasil foram criadas dessa forma e devem ser creditadas ao esforço individual de determinadas pessoas. No quadro 6, é possível encontrar um fragmento de entrevista com Paulo Nogueira-Neto, à frente da Sema de 1974 a 1986, que ilustra bem esse aspecto.

É mister mencionar um dos grandes avanços do Sistema Nacional de Unidades de Conservação (Snuc) – com eco em grande parte dos países que possuem áreas protegidas –, a consulta prévia às comunidades locais sobre a criação de unidades de conservação. Apesar de haver modalidades de áreas protegidas que podem ser criadas sem consulta, seu estabelecimento como um passo obrigatório para a criação de diversos tipos de unidades de conservação é, sem dúvida, um avanço significativo rumo à democratização das áreas protegidas que, muitas vezes, foram criadas, no Brasil e no resto do mundo, sem o apoio das comunidades locais, gerando conflitos sociais que poderiam ter sido evitados.

Quadro 6

Sobre a seleção de novas áreas para a criação de estações ecológicas — fragmento da entrevista de Paulo Nogueira-Neto publicada no livro *Saudades do Matão*

"No caso das estações ecológicas, em vários lugares nos valemos da opinião de ecologistas locais. É verdade que nossos métodos eram pouco ortodoxos: chegamos a descobrir áreas lendo jornal. Uma vez, vi uma notícia assim: 'as terras da Coroa Portuguesa, que pertencem ao governo federal, vão ser devolvidas ao estado do Piauí'. Não havia dúvida nenhuma, eram oitocentos mil hectares. Tomei um avião e fui falar com o governador. Expliquei o que era estação ecológica, a possibilidade de dar apoio para a universidade local e ele nos deu cento e trinta mil hectares. Um estado pobre, paupérrimo, e nos deu cento e trinta mil hectares. Pode parecer imprudência, escolher só pela notícia do jornal, mas o que pensei é que deveria ter alguma coisa importante nessa área. E realmente era um lugar muito interessante, um ponto de contato entre a caatinga e o cerrado. Outras vezes, encontramos áreas sobrevoando a Amazônia. Foi assim que descobrimos talvez o maior bosque de palmeiras do mundo, o maior buritizal do mundo. São trinta mil hectares. O Ibama conseguiu chegar lá só há pouco tempo. É uma área muito próxima ao rio Solimões, mas quem passa pelo rio não a vê. O Projeto Radam nem sequer menciona essa área, uma falha tremenda. Em outra oportunidade, estávamos procurando uma bacia inteira, um rio onde não houvesse qualquer ocupação humana. Então, o Paulo Vanzolini tinha indicado o rio Japurá, mas alguns mapas diziam que nascia na Colômbia. O rio seguinte era o Juami; sobrevoei e vi na foz do rio uma ótima floresta de igapó; uns dez mil hectares de floresta de igapó, sem nenhuma ocupação humana. E fizemos esta estação de oitocentos mil hectares, Juami-Japurá. Muitas vezes, o Incra nos passou informações, como foi o caso de Serra das Araras: pela descrição, parecia ser um Shangrilá, um lugar completamente isolado do mundo..."

Fonte: Urban, 1998.

E foram felizes para sempre: as dificuldades de implementação e manejo das unidades de conservação

À primeira vista, pode-se ter a impressão de que o grande obstáculo na questão das áreas protegidas concentra-se em sua criação e que, uma vez estabelecidas, tudo torna-se muito simples. Evidentemente, os desafios da criação de unidades de conservação são múltiplos e trata-se, sem dúvida, de uma etapa crítica, porém, muitos são também os desafios da implementação e da gestão das reservas criadas. Ocorre, porém, que essa visão ingênua acaba por condicionar parte relevante das políticas públicas e reflete-se na alocação de recursos. Ou seja, é mais fácil conseguir recursos para o estabelecimento de novas áreas protegidas do que para sua implementação ou manejo.

Além disso, superadas as angústias da seleção do local adequado – ou possível – para o estabelecimento da unidade de conservação, a questão dos procedimentos de manejo a serem adotados para assegurar a manutenção dos processos biológicos e, conseqüentemente, a biodiversidade da área gera novas angústias. Em suma, há dificuldades de duas naturezas nessa fase: as de natureza financeira, em geral mais relacionadas com a implementação da unidade, mas que também condicionam as atividades de manejo, e as de natureza ecológica, ligadas às decisões de manejo e gestão da área, que vão desde o manejo de populações animais ou vegetais até as relações da unidade com as comunidades do entorno.

As dificuldades financeiras podem ser avaliadas pelos dados compilados por Spergel (2002): nos países em desenvolvimento, o orçamento médio para as áreas protegidas gira em torno de 30% do mínimo necessário para a sua conservação; em algumas regiões excepcionalmente ricas em biodiversidade, como a África Central e a região do sudoeste da Ásia, os orçamentos equivalem a menos de 3% da média global de gastos por hectare de área protegida; em muitos países em desenvolvimento, os recursos para a gestão de áreas protegidas decresceram mais de 50% na década de 1990 devido às crises financeiras e políticas; e a ajuda internacional para a conservação da biodiversidade atingiu seu máximo na Rio-92[12] e desde então vem declinando. No Brasil, os recursos para a implementação das

---

[12] Trata-se da Conferência das Nações Unidas para o Meio Ambiente e Desenvolvimento realizada em 1992, no Rio de Janeiro, conhecida também como Eco-92.

unidades de conservação têm sido, historicamente, insignificantes. Há casos de unidades cujos recursos anuais para o desenvolvimento de todas as suas atividades não remontam nem a R$10 mil.

A face mais visível dessa carência financeira é o surgimento dos já mencionados "parques de papel". Esse fenômeno possui um aspecto perverso: os "parques de papel" entram nas contagens oficiais de áreas protegidas e apesar de, como já foi visto, colaborarem na diminuição das taxas de desmatamento, não podem ser computados como áreas onde se tem uma efetiva conservação da biodiversidade, mas, em geral, são contados como tal. O resultado é que tais unidades de conservação contribuem para diminuir o apelo para a criação de novas áreas, mesmo não cumprindo seus objetivos de conservação.

Para resolver tal questão, Spergel (2002) sugere a combinação das três modalidades possíveis de financiamento de áreas protegidas: recursos orçamentários do governo; taxas de usuários e visitantes e outras taxas de conservação ambiental destinadas às unidades; e apoio e doações de indivíduos, empresas, fundações, organizações não-governamentais (ONGs) e agências internacionais. Alguns países, mesmo os em desenvolvimento, conseguem transformar suas áreas protegidas em grandes atrativos turísticos e obter recursos significativos. Um exemplo na América do Sul é o Parque Nacional das Ilhas Galápagos, no Equador, que recebe cerca de 80 mil turistas estrangeiros por ano, que pagam uma taxa de entrada de US$100, gerando mais de US$8 milhões por ano. Para que o turismo relacionado com a visitação de áreas protegidas se converta em um importante elemento da economia do país, deve haver um investimento do governo na manutenção da integridade das áreas e na conservação das estradas e outras infra-estruturas necessárias ao turismo. Assim, no caso das unidades de conservação que se tornam atrativos turísticos, bem ilustrado pelas áreas protegidas do Quênia, há necessariamente uma combinação das três modalidades mencionadas.

Em relação às taxas, além das de entrada nas unidades de conservação, há uma gama de outras possibilidades. Por exemplo, desde 1996, em Belize, todos os turistas estrangeiros devem pagar uma taxa de conservação equivalente a US$3,75 junto com a taxa de aeroporto. Ao pagar essa taxa, o turista recebe um folheto explicando a destinação do dinheiro, o Fundo para a Conservação das Áreas Protegidas, e o seu mecanismo de funcionamento (Spergel, 2002). Algo semelhante acontece na ilha de Fernando de Noronha: toda pessoa de fora da ilha deve pagar uma taxa de preservação ambiental de cerca de R$30 por dia de permanência. A ilha possui duas unidades de conservação que abarcam todo seu território: um parque nacional e uma área de proteção ambiental (APA).

Alguns países, como a Colômbia, requerem que parte da receita derivada de uma usina hidrelétrica seja revertida para projetos de conservação de recursos hídricos e de saneamento. No Brasil, o Sistema Nacional de Unidades de Conservação (Snuc) obriga, em casos de empreendimentos de significativo impacto ambiental, o apoio por parte do empreendedor à implantação e manutenção de unidades de conservação de proteção integral.

Além disso, o Brasil dispõe de um mecanismo muito interessante de alocar fundos para conservação ambiental: trata-se do chamado ICMS ecológico. Esse instrumento, presente em alguns estados brasileiros, estimula o uso de recursos na criação e manutenção das unidades de conservação. Um resumo de seu funcionamento está no quadro 7.

Outras possibilidades começam a surgir, como as ligadas ao mecanismo de desenvolvimento limpo da Convenção Quadro de Mudanças Climáticas. Essa convenção, por meio do Protocolo de Kyoto, obriga os países signatários a reduzirem suas emissões de carbono. Estuda-se a possibilidade de que parte dessa redução poderia ser trocada pelo pagamento de conservação de florestas em países em desenvolvimento, dado que as florestas armazenam e chegam, em alguns casos, a retirar carbono da atmosfera.

Diante do fracasso do enfoque de financiar projetos de curta duração em áreas protegidas, utilizado por muitas agências de ajuda internacional, o surgimento de mecanismos, como fundos de conservação, tem sido bem-visto, pois eles podem propiciar o planejamento de longo prazo tão necessário para a efetiva implementação e gestão das unidades de conservação (Terborgh, 2002). Já existem fundos de conservação em mais de 40 países, alguns para conservar uma única área, outros para manter todo o sistema de unidades de conservação e, ainda, os dedicados a áreas protegidas transfronteiriças. As características desses fundos são: os recursos só podem ser utilizados para uma finalidade previamente determinada e devem ser separados de outros recursos, tais como o orçamento da instituição que abriga o fundo; sua gestão deve ser por um conselho independente (Spergel, 2002).

Quadro 7
O ICMS ecológico

O imposto sobre circulação de mercadorias e serviços (ICMS) é o mais importante tributo estadual, representando, com freqüência, nos termos ora vigentes, acima de 90% da receita tributária dos estados e constituindo expressiva fonte de renda para os municípios brasileiros. É um imposto de caráter indireto, isto é, sustentado pelo consumidor mediante sua incorporação ao preço da coisa ou serviço, similar aos tributos sobre o valor agregado, ou seja, um tributo eminentemente arrecadador de fundos para os estados da Federação.

A Constituição Federal prevê, em seu art. 158, que 25% dos recursos financeiros do ICMS arrecadados por cada estado devem ser destinados aos seus municípios, ficando, assim, os outros 75% para os estados. A Constituição também estipula que no mínimo 75% do montante repassado aos municípios devem ser distribuídos segundo o valor adicionado gerado em cada município, ou seja, quanto cada município arrecada. Os estados têm a autoridade para determinar os critérios de distribuição dos 25% restantes, ou seja 6,25% do total arrecadado. Isso permite que o estado influa nas prioridades dos municípios, incentivando certas atividades e desencorajando outras. Assim, cada legislação estadual define um conjunto de critérios, tais como número de habitantes, área geográfica, número de propriedades rurais e produção primária, que disciplinam a distribuição desse valor (25% do destinado ao município, ou 6,25% do total) a que os municípios têm direito.

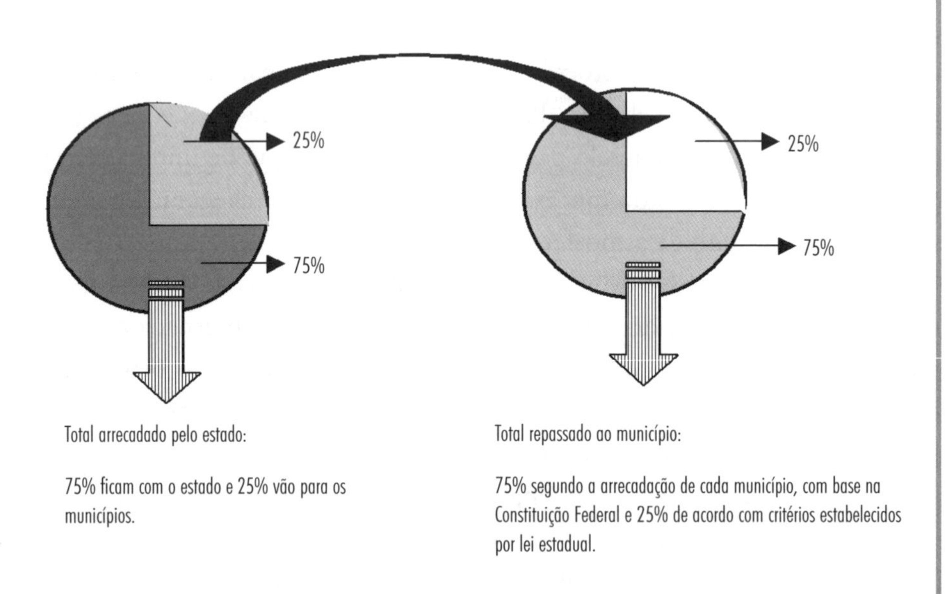

Total arrecadado pelo estado:

75% ficam com o estado e 25% vão para os municípios.

Total repassado ao município:

75% segundo a arrecadação de cada município, com base na Constituição Federal e 25% de acordo com critérios estabelecidos por lei estadual.

São esses 6,25% do total que o estado pode decidir como redistribuir, que critérios ecológicos podem ser introduzidos. E foi assim que nasceu a idéia do ICMS ecológico.

continua

Em 1992, o estado do Paraná introduziu um critério ecológico na distribuição do ICMS. Outros estados observaram a experiência do Paraná com o ICMS ecológico e decidiram introduzir sistemas semelhantes. O ICMS ecológico entrou em operação em Minas Gerais e São Paulo em 1996 e um ano depois em Rondônia. No Rio Grande do Sul a lei criando o ICMS ecológico foi aprovada em 1993 e implementada em 1999. Hoje, vários outros estados possuem ICMS ecológico e, em muitos outros, a questão está em discussão. Cada estado adotou diferentes critérios ambientais, tais como presença e qualidade de unidades de conservação, existência de mananciais de abastecimento de água, lagos de barragens, depósitos de resíduos sólidos, entre outros.

O ICMS ecológico possui duas funções primordiais, a compensatória e a incentivadora.

O papel da função compensatória é compensar os municípios que sofrem limitações no gerenciamento de seu território por causa de unidades de conservação ou outras áreas com restrições de uso. Trata-se aqui da compensação pela restrição do uso da terra, pois, se não houvesse tal limitação, o município poderia dar uma outra destinação (produção, comércio ou serviços) à área e, conseqüentemente, arrecadar mais ICMS e ter um retorno maior no momento da repartição.

No caso das áreas protegidas, o impacto compensatório do ICMS ecológico é importante para o município, pois uma grande proporção das unidades de conservação é de domínio federal ou estadual. A conseqüência disso é que os municípios têm pouca oportunidade de influir nas decisões sobre a designação e manutenção de grande parte das áreas protegidas. Em muitos casos, se vêem obrigados a aceitar decisões feitas em outra instância de governo, que afetam suas possibilidades de desenvolver atividades produtivas e de gerar renda.

A função incentivadora atua como um incentivo aos municípios, encorajando tanto a ampliação das áreas de conservação e outros espaços relevantes para o ICMS ecológico – áreas indígenas, áreas de mananciais ou sistemas de tratamento de resíduos sólidos – quanto a manutenção de sua qualidade, quando há, incorporados ao ICMS ecológico, critérios qualitativos.

Em alguns estados, como Minas Gerais e Paraná, condicionou-se a distribuição dos recursos do ICMS ecológico à qualidade de conservação dos espaços protegidos. No Paraná, vistorias anuais são realizadas em todas as áreas protegidas – federais, estaduais ou municipais – e em áreas indígenas para cálculo do montante a ser recebido pelo município. Nesses estados também há uma pontuação diferente para as diversas categorias de manejo das áreas protegidas.

No Paraná, onde o sistema está em operação há vários anos, o efeito incentivador do ICMS ecológico já é evidente. Novas áreas protegidas foram criadas e a introdução do sistema para qualificar as unidades periodicamente tem afetado positivamente o interesse por parte dos municípios em melhorar o manejo das áreas protegidas. Entre 1992 e 1997, houve um aumento de 132,12% na superfície dos espaços protegidos das várias categorias e modalidades de manejo.

É por causa da função compensatória que os recursos oriundos do ICMS ecológico não devem ter destinação "carimbada", isto é, não deve haver obrigação do município em despender esses recursos com meio ambiente, sob pena do efeito compensador se perder. O efeito incentivador do ICMS ecológico estimula investimentos do município nessa área.

Fonte: Bensusan, 2000.

No Brasil, estabeleceu-se um fundo fiduciário para gerir os recursos do Programa de Áreas Protegidas da Amazônia (Arpa). Um resumo sobre esse projeto pode ser encontrado no quadro 8. O fundo foi criado com recursos de doação e seus dividendos serão utilizados para financiar os custos recorrentes das unidades, garantindo que o investimento realizado durante a consolidação das unidades de conservação não se perca por falta de recursos para a sua manutenção. Esse fundo foi estabelecido e está sendo administrado pelo Fundo Brasileiro para a Biodiversidade (Funbio). Para receber recursos do fundo, as unidades de conservação devem obedecer a critérios estabelecidos, como possuir plano de manejo aprovado, ter uma equipe básica definida e recursos de manutenção assegurados pelo órgão gestor da unidade de conservação e possuir um conselho da unidade de conservação instalado nos moldes da legislação vigente (Sá, 2002).

Quadro 8

O Projeto Áreas Protegidas da Amazônia (Arpa)

O projeto almeja a expansão da extensão de áreas protegidas de proteção integral na Amazônia, de modo a cobrir pelo menos 10% do bioma, representando cerca de 41 milhões de hectares (neles considerados os 12,5 milhões já existentes). A meta, portanto, é o incremento de 28,5 milhões de hectares de florestas a serem protegidos sob o regime de proteção integral na Amazônia no prazo de 10 anos. Outra meta foi adicionada posteriormente: a criação de 9 milhões de hectares de unidades de conservação de uso sustentável na Amazônia. Tal meta vem ao encontro de um dos objetivos do projeto que é o de criar mosaicos de unidades de conservação de diferentes categorias, formando grandes blocos de áreas protegidas.

O objetivo geral do projeto é expandir e consolidar um sistema de áreas protegidas no bioma brasileiro Amazônia, capaz de assegurar a conservação da biodiversidade na região e contribuir para o seu desenvolvimento sustentável.

Seus objetivos específicos podem ser assim descritos:

- desenvolver atividades contínuas de identificação e seleção de novas áreas destinadas à criação de unidades de conservação;
- criar e implantar unidades de conservação de proteção integral e de uso sustentável;
- promover a consolidação física de unidades de conservação federais de proteção integral existentes e novas e apoiar a consolidação física de unidades de conservação estaduais e municipais;
- identificar, selecionar, implantar ou adaptar mecanismos financeiros para a manutenção de unidades de conservação;
- monitorar e avaliar a conservação da biodiversidade nas unidades de conservação e no seu entorno.

O projeto abrange três categorias de unidades de proteção integral: parque nacional, reserva biológica e estação ecológica. E duas categorias de unidades de uso sustentável: reserva extrativista e reserva de desenvolvimento sustentável.

continua

Essas categorias de unidades de conservação podem ser estabelecidas pelo governo no âmbito federal, estadual e/ou municipal.

A escolha das áreas prioritárias para criação das novas unidades de conservação está fundamentada nos resultados do seminário promovido pelo Ministério do Meio Ambiente, intitulado Avaliação e Identificação de Áreas Prioritárias para Conservação, Utilização Sustentável e Repartição dos Benefícios da Biodiversidade da Amazônia Brasileira, realizado em Macapá, em 1999. A determinação e o estabelecimento das prioridades para a criação de unidades de conservação é um processo dinâmico. Durante os 10 anos do Projeto Arpa, novos conhecimentos científicos sobre a biodiversidade, aspectos socioeconômicos e de uso do solo aportarão novas informações que darão subsídios adicionais para a identificação de áreas para a criação de novas unidades de conservação.

Além de expandir o sistema de unidades de conservação, o projeto implementará todas as unidades de conservação federais de proteção integral na Amazônia. Um sistema de monitoramento e avaliação ambiental para as unidades de conservação está sendo implementado, visando a criação de um sistema de monitoramento da biodiversidade. O instrumento será utilizado para melhorar o processo de tomada de decisão, bem como o planejamento e a programação das atividades de proteção, disponibilizando informações precisas e confiáveis sobre a eficiência das diferentes categorias de unidades de conservação e de seu manejo.

Fonte: Sá, 2002.

Como mencionado, outras dificuldades, além das financeiras, devem ser enfrentadas após o estabelecimento da área protegida, relacionadas com decisões sobre os procedimentos a serem adotados no manejo e gestão da unidade. Aqui, o desafio reside na falta de conhecimento sobre a totalidade dos processos que geram e mantêm a biodiversidade, cuja integridade deve ser preservada, e a necessidade concomitante de ação. Esse é o desafio de toda a biologia da conservação: não é possível esperar a obtenção de todos os dados para começar a agir – manejar e gerir –, pois a biodiversidade está continuamente ameaçada, inclusive nas áreas protegidas. Vários biólogos, na década de 1990, enfrentaram a dualidade de ser cientistas e ativistas ao mesmo tempo (Takacs, 1996). Numa escala que transcende as áreas protegidas, o ativismo é entendido como a participação na elaboração e implementação de políticas públicas e desenvolvimento de estratégias para a proteção da biodiversidade. Na escala de uma unidade de conservação, o ativismo consiste em traçar e implementar estratégias de manejo e gestão para a área.

A presença – ou ausência – proposital do fogo nas unidades de conservação ilustra bem a necessidade de ação, chocando-se com as limitações do conhecimento sobre a complexidade dos ecossistemas. Em vários parques africanos, o fogo fazia parte da dinâmica do ecossistema antes da criação da área protegida. Com o estabelecimento dos parques, vieram as políticas de supressão de incêndios e, conseqüentemente, as alterações na vegetação, que se refletiram em modificações, por vezes indesejáveis, na fauna. Um exemplo é o Parque Nacional Kruger, na África do Sul. Após seu estabelecimento, que trouxe a exclusão dos nativos e caçadores, a freqüência dos incêndios decresceu. Como resultado, áreas anteriormente abertas foram invadidas por arbustos, reduzindo a possibilidade de herbivoria e, também, a fauna. Foi necessária a reintrodução de queimadas para trazer de volta a fauna.

Há outros casos, como as florestas de coníferas de altitudes médias e elevadas das montanhas de Sierra Nevada, na Califórnia, onde a proteção ao fogo, adotada desde 1890, tem tornado a área mais densa e sombreada, causando uma redução no número de plântulas de sequóia. A estratégia tem transformado também o chaparral presente em áreas mais baixas, onde a vegetação aumentou em densidade, a quantidade de combustível cresceu, espécies intolerantes ao fogo se disseminaram e a diversidade vegetal diminuiu (Goudie, 2000).

O famoso incêndio de 1988, no Parque Nacional de Yellowstone, nos Estados Unidos trouxe como benefício uma intensa discussão acerca do papel do fogo naqueles ecossistemas e das políticas de manejo de fogo adotadas para a unidade. A supressão do fogo começou, em Yellowstone, em 1886, 14 anos após a criação do parque, e durou até 1972, quando o parque modificou sua política, deixando que incêndios de causas naturais, dentro de certos critérios, ocorressem. Em 1988, o fogo consumiu aproximadamente 45% do Parque Nacional de Yellowstone, logo após um cenário climático típico da região. Dados históricos indicam que grandes incêndios acompanham o ciclo de florestas antigas em um ciclo de 200 a 300 anos. Romme e Despain (1989) apresentam evidências da ocorrência de incêndios de proporções similares no começo do século XVIII, antes da ocupação da área pelos descendentes dos europeus. Christensen e outros (1989) assinalam que, mesmo que a escala do incêndio de 1988 seja considerada natural, a ação humana modificou os padrões e se debate, pertinentemente, se o combustível acumulado durante um século de supressão, antes de 1972, teria aumentado as dimensões dos incêndios de 1988.

A importância dos distúrbios naturais para a manutenção da diversidade de paisagens em Yellowstone já havia sido documentada. O incêndio de 1988 não trouxe danos significativos para nenhuma das espécies ali presentes, apesar de, naturalmente, alguns padrões espaciais se alterarem. Entretanto, é importante assinalar que, apesar da tentação de se afirmar que as paisagens do parque voltaram a ser o que eram há algumas centenas de anos, as paisagens de Yellowstone nunca serão iguais às de 1872, assim como estas nunca haviam sido equivalentes aos cenários anteriores, pois, mesmo sem a influência humana, as paisagens de Yellowstone continuaram a se modificar em função das mudanças climáticas, da evolução, da emigração, da imigração e da extinção de espécies (Christensen et al., 1989).

A questão do fogo e seu manejo está na ordem do dia nas unidades de conservação do Cerrado brasileiro. Apesar do fogo ser considerado um dos elementos determinantes da diversidade de paisagens do Cerrado, na maioria dos casos a estratégia adotada tem sido a supressão total de incêndios nesses parques. No Parque Nacional de Brasília, apesar das inúmeras recomendações para que se incorpore o manejo do fogo às práticas da unidade, presentes inclusive no Plano de Manejo elaborado em 1979 e em sua revisão datada de 1994, a política oficial continua sendo a total supressão do fogo.

Essa estratégia altera o regime de fogo característico do Cerrado e, por conseguinte, ameaça a biodiversidade do parque de duas formas: a ausência do fogo pode prejudicar processos como colonização, estabelecimento de novos indivíduos e competição; e pela ocorrência inevitável de grandes incêndios, devido ao excesso de material combustível acumulado. Esses incêndios, freqüentes, podem causar a morte de indivíduos que não estão preparados para tal intensidade de fogo (Bensusan, 1997).

A polêmica sobre a conveniência de supressão, ou não, de incêndios é alimentada pela relativa falta de dados sobre o papel do fogo no Cerrado. No entanto, apesar disso, os gestores das unidades de conservação devem tomar uma decisão e adotar uma determinada prática de manejo. Inúmeras outras questões apresentam situação similar, especialmente quando se trata da biodiversidade nos trópicos.

Um exemplo africano ilustra bem a angústia dos gestores de unidades de conservação. Trata-se das áreas protegidas do Leste da África, muitas delas criadas para a conservação de uma paisagem vista por nós como típica desse continente e como a imagem da natureza virgem e intocada: as savanas com suas árvores em forma de guarda-chuva e os grandes herbívoros. Há fortes evidências, entretanto, de que a freqüência dessas árvores não é "natural": elas não estavam ali há 100 anos ou não eram tantas. A presença de tais árvores, a maioria *acacia tortilis*, em grandes áreas de savana, parece ser resultado direto da introdução da peste bovina na África, em torno de 1895, conseqüência da colocação de gado oriundo da Ásia na região. A doença causou índices de mortalidade catastróficos entre os ungulados nativos (veados, alces, bisões, girafas etc.) e introduzidos (gado bovino). Seus efeitos sobre os ecossistemas foram complexos e uma das conseqüências foi a propagação dessas árvores, antes restritas a certas áreas, que se espalharam rapidamente por locais onde anteriormente seu estabelecimento era limitado pela combinação entre herbivoria e fogo. Toda vez que uma plântula de acácia começava a crescer, tinha suas folhas devoradas pelos ungulados. Com a diminuição desses animais, essas plântulas não eram mais objeto de herbivoria e viraram árvores.

Mais tarde, os ungulados nativos desenvolveram resistência à peste bovina e as vacinas empregadas lograram controlar a doença entre os animais domésticos. Como conseqüência direta do aumento de suas populações, esses animais voltaram a suprimir o estabelecimento das árvores em forma de guarda-chuva, devorando as plantas jovens. Assim, poucas árvores se estabeleceram nos últimos 50 anos. Logo, hoje há poucas árvores jovens para substituir aquelas, de idade entre 60 a 80 anos, que estão morrendo (Sprugel, 1991). Esse processo tem apresentado aos gestores das unidades de conservação um dilema: não sabem se protegem as pequenas plantas de acácia, colaborando para manter a paisagem atual, ou se permitem que elas sejam suprimidas, descaracterizando essa paisagem, mas se aproximando das paisagens anteriores à chegada da peste bovina na África.

Políticas e instrumentos oficiais relativos às áreas protegidas no Brasil

Como dito no primeiro capítulo, o Brasil conta com um Sistema Nacional de Unidades de Conservação — Snuc (Lei nº 9.985, de 2000) — que norteia as políticas públicas e dispõe sobre os instrumentos de planejamento das áreas protegidas. Alguns aspectos do Snuc já foram regulamentados (Decreto nº 4.340, de 2002) e outros ainda se encontram em fase de regulamentação.

Algumas definições problematizadas

A Lei nº 9.985 traz definições de termos usados em seu texto. Várias delas foram fruto de longos debates e ainda apresentam problemas. Algumas dessas definições e seus problemas são examinados a seguir.

Zona de amortecimento

Segundo lei, a zona de amortecimento é "o entorno de uma unidade de conservação, onde as atividades humanas estão sujeitas a normas e restrições específicas, com o propósito de minimizar os impactos negativos sobre a unidade". Não resta dúvida de que há necessidade de se normatizar as atividades das circunvizinhanças das unidades, pois estas podem afetar a integridade da área protegida. A questão que se coloca é qual é a extensão dessa zona de amortecimento e quais são as restrições de uso. Antes da lei do Snuc, estava em vigor uma resolução[13] do Conselho Nacional de Meio Ambiente (Conama) que definia o entorno das unidades de conservação como uma faixa de 10 km circundando os limites da área.

O Snuc prevê, em seu art. 25, que a zona de amortecimento e os corredores ecológicos serão definidos caso a caso:

> Art. 25. As unidades de conservação, exceto Área de Proteção Ambiental e Reserva Particular do Patrimônio Natural, devem possuir uma zona de amortecimento e, quando conveniente, corredores ecológicos.
> §1º O órgão responsável pela administração da unidade estabelecerá normas específicas regulamentando a ocupação e o uso dos recursos da zona de amortecimento e dos corredores ecológicos de uma unidade de conservação.
> §2º Os limites da zona de amortecimento e dos corredores ecológicos e as respectivas normas de que trata o §1º poderão ser definidos no ato de criação da unidade ou posteriormente.

É positiva a possibilidade de se definir para cada unidade sua zona de amortecimento. É fácil imaginar quão pouco eficiente é uma definição geral, como a da resolução do Conama, em um país com a diversidade de áreas protegidas como

---

[13] Resolução Conama nº 13/90.

o nosso. Por exemplo, uma faixa de 10 km ao redor do Parque Nacional de Brasília significa a inclusão das maiores zonas residenciais e comerciais da cidade de Brasília. No Parque Nacional do Jaú, com uma extensão de cerca de 2 milhões de hectares, no estado do Amazonas, uma faixa de 10 km, certamente, não é suficiente para assegurar a proteção da biodiversidade presente no parque. No entanto, há que se considerar que, se essa zona não for estabelecida no ato de criação, a perspectiva de haver, um dia, uma restrição do uso dos recursos naturais no entorno da unidade pode causar uma tendência de utilização excessiva desses recursos, comprometendo os processos ecológicos. Por outro lado, no ato de criação, em geral, não há dados para a definição dos limites e restrições da zona de amortecimento. Para lidar com essas questões, seria necessário que o órgão gestor do Snuc produzisse um conjunto de critérios biológicos e sociais a serem adotados para uma primeira definição da zona de amortecimento. Uma vez estabelecida conforme esses critérios, ajustes poderiam ser feitos à medida que dados sobre a unidade e seu entorno fossem produzidos. Outra necessidade é a de diretrizes para a normatização das atividades nas zonas de amortecimento, mesmo que depois, na avaliação de cada caso, ajustes fossem realizados.

Parte dessas providências foi tomada com a edição do *Roteiro metodológico de planejamento* para parques nacionais, reservas biológicas e Estações Ecológicas (Ibama, 2002). Há, nesse documento, um conjunto de critérios para a inclusão e para a exclusão de áreas na zona de amortecimento. O roteiro, porém, abrange apenas algumas categorias e não traz um conjunto de diretrizes para a normatização das atividades. Uma boa sugestão dele é ter o limite de 10 km presente na resolução do Conama, como ponto de partida. O Snuc poderia avançar, estabelecendo uma zona temporária de amortecimento no ato de criação da unidade, usando essa faixa de 10 km como base. O roteiro poderia ser complementado com um conjunto de critérios sociais para a inclusão na zona de amortecimento e um aprofundamento na orientação da identificação dos processos ecológicos relevantes para a manutenção da biodiversidade, aliado a formas de delimitar e regular as atividades na zona de amortecimento que garantissem a persistência de tais processos.

Corredores ecológicos

A lei do Snuc define os corredores ecológicos como

> porções de ecossistemas naturais ou seminaturais, ligando unidades de conservação, que possibilitam entre elas o fluxo de genes e o movimento da biota,

> facilitando a dispersão de espécies e a recolonização de áreas degradadas, bem como a manutenção de populações que demandam para sua sobrevivência áreas com extensão maior do que aquela das unidades individuais.

O maior problema dessa definição é ela estabelecer que os corredores ecológicos ligam unidades de conservação. Se há outras áreas naturais em bom estado de conservação próximas à unidade de conservação, as porções de ecossistemas que as conectam à unidade não são consideradas corredores ecológicos e, assim, não podem gozar do *status* que o Snuc dá a essas áreas. Assim, as conexões entre unidades de conservação e terras indígenas, reservas legais e outras áreas naturais não são corredores ecológicos, segundo a Lei nº 9.985.

O art. 25 da lei menciona que o órgão responsável pela unidade definirá as normas de uso e ocupação dos corredores e estes serão, como as zonas de amortecimento, definidos no ato da criação ou posteriormente. Naturalmente, as questões levantadas na seção anterior também se aplicam aos corredores ecológicos.

O agravante é que, diferente da zona de amortecimento, não há no *Roteiro metodológico de planejamento* (Ibama, 2002), ou em outro documento oficial, diretrizes para a definição dos corredores, tampouco clareza no funcionamento de sua gestão, já que, na maioria das vezes, essas áreas abrangem propriedades privadas e outras áreas que não são administradas pelo órgão ambiental.

Populações tradicionais

O caso da definição de populações tradicionais é certamente o mais interessante do Snuc, principalmente porque ela não existe: a definição foi vetada pelo presidente da República por ocasião da sanção da Lei nº 9.985. Originalmente, na versão que emergiu do Congresso Nacional, as populações tradicionais eram definidas como

> grupos humanos culturalmente diferenciados, vivendo há, no mínimo, três gerações em um determinado ecossistema, historicamente reproduzindo seu modo de vida, em estreita dependência do meio natural para sua subsistência e utilizando os recursos naturais de forma sustentável.

A definição apresentava problemas, pois deveria incluir tanto as populações residentes em unidades onde sua permanência não era permitida pela lei, quanto as populações beneficiárias do estabelecimento de reservas extrativistas e reservas de desenvolvimento sustentável. Mercadante (2001) considerou positivo esse veto e ressalta que as reservas extrativistas vêm sendo criadas e geridas sem a necessidade desse conceito. Pode-se considerar, entretanto, que essa situação ocorre porque é possível apontar uma definição das populações beneficiárias das reservas extrativistas e de desenvolvimento sustentável nos artigos que tratam do tema na lei.

> Art. 18. A Reserva Extrativista é uma área utilizada por populações extrativistas tradicionais, cuja subsistência baseia-se no extrativismo e, complementarmente, na agricultura de subsistência e na criação de animais de pequeno porte, e tem como objetivos básicos proteger os meios de vida e a cultura dessas populações e assegurar o uso sustentável dos recursos naturais da unidade.

> Art. 20. A Reserva de Desenvolvimento Sustentável é uma área natural que abriga populações tradicionais, cuja existência baseia-se em sistemas sustentáveis de exploração dos recursos naturais, desenvolvidos ao longo de gerações e adaptados às condições ecológicas locais e que desempenham um papel fundamental na proteção da natureza e na manutenção da diversidade biológica.

Contudo, no caso das florestas nacionais, onde a permanência das populações tradicionais é admitida, e no caso das populações que devem ser retiradas de unidades onde sua permanência não é permitida e reassentadas em outro local, a ausência da definição pode ser um problema. Por exemplo, o Decreto nº 4.340 diz que "apenas as populações tradicionais residentes na unidade no momento da sua criação terão direito ao reassentamento". Quem, nesse caso, definiria se a população é ou não tradicional?

O marco legal do Sistema Nacional de Unidades de Conservação

A lei do Snuc dispõe, além das categorias de unidades de conservação já descritas no quadro 2, sobre os objetivos e diretrizes do sistema; sobre o processo de criação, implantação e gestão das unidades; sobre as reservas da biosfera; e, ainda, sobre outras questões em suas disposições transitórias.

Em relação aos objetivos do Snuc, vale mencionar que entre os que tradicionalmente constam nesse tipo de documento, como contribuir para a manutenção da biodiversidade, promover o desenvolvimento sustentável, proteger paisagens de notável beleza cênica, promover a pesquisa científica e a educação ambiental, há um objetivo que chama a atenção por seu teor inovativo. Trata-se da proteção dos "recursos naturais necessários à subsistência de populações tradicionais, respeitando e valorizando seu conhecimento e cultura e promovendo-as social e economicamente". Esse objetivo reflete uma preocupação com populações que têm sido historicamente excluídas das áreas protegidas. Como o Snuc abarca também unidades de conservação de uso sustentável, onde há populações tradicionais residentes, esse objetivo poderia ser interpretado como relativo apenas a essas áreas. Mas, como consta da lista de objetivos do sistema, parece refletir uma tendência de maior consideração com as comunidades que residem dentro e nas circunvizinhanças das unidades de conservação e de maior compreensão do seu papel na manutenção da biodiversidade. Encontra-se no capítulo 4 uma discussão aprofundada sobre a questão das populações humanas e as áreas protegidas.

As diretrizes são a vanguarda do Snuc. Infelizmente, as preocupações nelas reveladas não se traduzem integralmente para os outros dispositivos da lei. Estão presentes, entre outras, preocupações com a participação da sociedade nas diversas instâncias do sistema, tanto no estabelecimento de políticas, quanto nos processos de criação e gestão das unidades; com a integração das unidades nas políticas de administração de terras e águas que as circundam; com a sustentabilidade econômica das unidades; e com a proteção de grande áreas que reúnam diversas unidades de conservação, seus entornos e corredores ecológicos que as conectem.

No que tange à criação das unidades, o Snuc prevê, além dos estudos técnicos, uma consulta pública para a identificação da localização, da dimensão e dos limites mais adequados para a unidade de conservação, com exceção das categorias reserva biológica e estação ecológica. O processo de consulta foi parcialmente regulamentado pelo Decreto nº 4.340 e colabora na democratização dos procedimentos de seleção e criação de unidades de conservação. Essa consulta permite também mapear os conflitos de interesses na região e superando-os, angariar apoio da população local para a criação da unidade.

O Snuc também estipula que toda unidade de conservação deve ter um plano de manejo, a ser elaborado em seus primeiros cinco anos de existência. O plano é um instrumento norteador das atividades a serem desenvolvidas na unidade e é definido na lei da seguinte forma:

> documento técnico mediante o qual, com fundamento nos objetivos gerais de uma unidade de conservação, se estabelece o seu zoneamento e as normas que devem presidir o uso da área e o manejo dos recursos naturais, inclusive a implantação das estruturas físicas necessárias à gestão da unidade.

O Plano de Manejo, discutido em uma seção específica, deve abranger a unidade, sua zona de amortecimento e os corredores ecológicos que, eventualmente, façam a conexão entre a unidade e outras áreas naturais.

Um elemento novo no Snuc é a possibilidade de as unidades serem geridas por organizações da sociedade civil de interesse público (Oscips), por meio de termos de parcerias firmados com o órgão responsável pela unidade de conservação. Assim, facilita-se o trabalho de instituições locais, muitas delas desenvolvendo, por décadas, trabalhos relevantes nas áreas protegidas; aumenta-se a participação, tão desejada e necessária, da sociedade; e transforma-se a gestão das unidades de conservação em um país de dimensões continentais em algo viável.

Cabe ressaltar que a lei traz um capítulo destinado às reservas da biosfera. Trata-se de um modelo de gestão integrada de uma área com múltiplos objetivos como a proteção da biodiversidade, o uso sustentável dos recursos naturais, o desenvolvimento de pesquisas, a educação ambiental e a melhoria da qualidade de vida das populações. Segundo o Snuc, as reservas da biosfera são constituídas por "áreas núcleos, destinadas à proteção integral da natureza"; zonas de amortecimento; e zonas de transição. Essas reservas, que podem ser integradas por áreas públicas e privadas, são geridas por um conselho deliberativo, formado por representantes de instituições públicas, de organizações da sociedade civil e da população residente.

Por fim, a lei trata, em suas disposições gerais e transitórias, da questão das populações tradicionais residentes em unidades de conservação nas quais sua permanência não seja permitida. Apesar de não oferecer alternativas às comunidades, só o seu reassentamento, é um significativo avanço a presença dessa questão na lei e em um capítulo específico do decreto, pois, anteriormente, a despeito de inúmeras unidades terem populações residentes, esse assunto não era sequer tratado pelos documentos oficiais, nem as populações eram mencionadas nos planos de manejo. Segundo a lei, essas populações serão indenizadas ou compensadas pelas benfeitorias existentes e serão realocadas em local e condições acordadas com o poder público, responsável pelo reassentamento. Até que seja possível efetuar o reassentamento,

> serão estabelecidas normas e ações específicas destinadas a compatibilizar a presença das populações tradicionais residentes com os objetivos da unidade, sem prejuízo dos modos de vida, das fontes de subsistência e dos locais de moradia destas populações, assegurando-se a sua participação na elaboração das referidas normas e ações.

O decreto, em seu capítulo intitulado "Do reassentamento das populações tradicionais", assegura que o processo indenizatório respeitará o modo de vida e as fontes de subsistência das populações. Estipula que "as condições de permanência das populações em unidades de conservação de proteção integral serão reguladas por termo de compromisso negociado entre o órgão executor e as populações, ouvido o conselho da unidade de conservação".

Apesar de suas inúmeras limitações, a existência de um arcabouço legal descrevendo um sistema de unidades de conservação já é um avanço significativo em relação ao cenário anterior, onde existiam apenas normas relativas a cada categoria de unidade de conservação. Reflete também as transformações nas formas de selecionar e manejar áreas protegidas ocorridas nas últimas décadas.

Vale mencionar dois aspectos que, possivelmente, restringem a eficiência do Snuc como sistema: o Snuc trata apenas das unidades de conservação *stricto sensu*, isto é, aqueles espaços protegidos que estão nas categorias por ele estipuladas; e a falta de integração do sistema com outras políticas de uso da terra e dos recursos biológicos.

Uma das conseqüências desse primeiro aspecto é que as terras indígenas não fazem parte do Snuc. Sua exclusão do sistema de áreas protegidas possivelmente tem entre suas raízes o mito da natureza intocada e selvagem, que balizou o estabelecimento do modelo de unidades de conservação na sociedade ocidental e no Brasil. Além dessa situação acarretar evidentes perdas de representatividade de paisagens protegidas e de possibilidades de conexão entre áreas de conservação, há o risco de excluir alguns aspectos importantes para a preservação dos processos geradores e mantenedores da biodiversidade, como o conhecimento humano sobre a utilização das espécies; as experiências de uso da terra; a perturbação antrópica dos ecossistemas, muitas vezes essencial para a geração e manutenção da biodiversidade; e o processo histórico que é responsável pelas características atuais das paisagens (Wood, 1994). Desse modo, a inclusão das terras indígenas no Snuc traria um avanço no sentido de estabelecer um verdadeiro conjunto de espaços territoriais especialmente protegidos, conectados entre si e melhor integrados às diversas políticas que tratam do uso da terra no país.

Outro reflexo derivado do fato do Snuc abarcar apenas as unidades de conservação *stricto sensu* é a exclusão de outros espaços especialmente protegidos como as áreas de preservação permanente e as reservas legais. As áreas de preservação permanente são aquelas que devem ter sua cobertura vegetal obrigatoriamente mantida, pois situam-se em locais críticos para a conservação ambiental, como margens dos rios, topos de morros e restingas. Estão localizadas em terras públicas ou privadas. As reservas legais, por sua vez, são um percentual da propriedade rural que não é passível de desmatamento. Esse percentual varia de acordo com o bioma e cabe ao poder público fiscalizar a existência e manutenção dessas reservas. Estas, ao lado das áreas de preservação permanente, deveriam ocupar um lugar central como elementos de conexão entre as unidades de conservação. Deveriam fazer parte do Snuc como componentes acessórios que, integrados às áreas protegidas, poderiam transformar o que é, hoje, um conjunto de unidades de conservação em um verdadeiro sistema.

Os conselhos

Outro importante elemento do Snuc é a previsão de conselhos – consultivos e deliberativos – que assessoram a gestão da unidade. Eles devem ter representação paritária de órgãos públicos e da sociedade civil e possuem as seguintes atribuições, de acordo com o Decreto nº 4.340:

> I. elaborar o seu regimento interno, no prazo de noventa dias, contados da sua instalação;
> II. acompanhar a elaboração, implementação e revisão do Plano de Manejo da unidade de conservação, quando couber, garantindo o seu caráter participativo;
> III. buscar a integração da unidade de conservação com as demais unidades e espaços territoriais especialmente protegidos e com o seu entorno;
> IV. esforçar-se para compatibilizar os interesses dos diversos segmentos sociais relacionados com a unidade;
> V. avaliar o orçamento da unidade e o relatório financeiro anual elaborado pelo órgão executor em relação aos objetivos da unidade de conservação;
> VI. opinar, no caso de conselho consultivo, ou ratificar, no caso de conselho deliberativo, a contratação e os dispositivos do termo de parceria com Oscip, na hipótese de gestão compartilhada da unidade;
> VII. acompanhar a gestão por Oscip e recomendar a rescisão do termo de parceria, quando constatada irregularidade;
> VIII. manifestar-se sobre obra ou atividade potencialmente causadora de impacto na unidade de conservação, em sua zona de amortecimento, mosaicos ou corredores ecológicos;
> IX. propor diretrizes e ações para compatibilizar, integrar e otimizar a relação com a população do entorno ou do interior da unidade, conforme o caso.

No momento, apenas 45 unidades possuem conselhos, dos quais estima-se que cerca de 70% estão em funcionamento, ainda que precário. Nas reservas extrativistas, essa é uma prática mais antiga e entre as unidades de conservação de proteção integral, surgem os primeiros conselhos. Algumas unidades, como a Estação Ecológica de Carijós, em Santa Catarina, possuíam comitês de gestão, antes da aprovação do Snuc, e transformaram essas estruturas em seus conselhos. Uma análise recente dos problemas relativos à implementação dos conselhos das unidades de conservação produziu um conjunto de recomendações que podem ser encontradas no quadro 9.

Quadro 9

Recomendações para a implementação dos conselhos de unidades de conservação

- A composição do conselho deve ser a mais equilibrada possível entre representantes do governo, iniciativa privada e sociedade civil – salvo em unidades de conservação de uso sustentável, onde poderá haver uma proporcionalidade maior para populações tradicionais que possuem concessão real de uso sobre as mesmas.
- Os processos de capacitação, formação e oficinas para os conselheiros deverão ter um caráter de continuidade.
- As indicações para os cargos de chefes de unidades de conservação deverão supor o perfil, formação e capacitação necessária para a condução dos processos de efetivação dos conselhos.
- Os conselhos das unidades poderão, dependendo de suas especificidades, organizar câmaras temáticas – de acordo com os problemas de que tratar, podendo solicitar ao órgão gestor a realização de oficinas de capacitação para prepará-los e facilitar-lhes as discussões sobre a elaboração do regimento interno e sobre qualquer outro tema de interesse do conselho.
- A superagenda dos atores sociais, em função da participação em diferentes esferas da gestão pública atual (por exemplo, em Comitês de Bacias Hidrográficas, Conselhos Municipais do Meio Ambiente, Conselhos Municipais de Saúde, Educação e outros), sugere que, em alguns casos, possa haver superposição de atividades, o que pode ser visto de forma positiva em função da transversalidade entre os diversos setores.
- Os conselhos dos mosaicos de unidades devem ser compostos por representantes dos conselhos das áreas protegidas que os formam, além de outros atores identificados para tal finalidade.
- Os espaços de discussão e representação dos conselhos devem refletir os anseios da sociedade por avanços em questões como gênero, relações intergeracionais, relações interétnicas e multiculturais, entre outras.
- As questões regionais, estaduais, nacionais e internacionais, assim como a relação com outras instâncias organizativas locais voltadas para as gestões participativas, quando relacionadas com os interesses do conselho, devem fazer parte de sua pauta de discussões.

continua

- ❑ Independentemente da categoria da unidade de conservação, é necessário o desenvolvimento de planos de manejo sustentável para seu entorno, de forma a controlar, mitigar ou diminuir os possíveis impactos sobre a unidade de conservação.
- ❑ Nas unidades de proteção integral, em que vivam populações tradicionais e outras, os procedimentos para elaboração do Termo de Compromisso, que versa sobre o uso dos recursos naturais da unidade pelas populações e sobre os processos para seu reassentamento, deverão ser discutidos nos conselhos e o processo acompanhado pelo Ministério Público.

Fonte: Pellin et al., 2004.

Os planos de manejo

Os planos de manejo são os documentos oficiais de planejamento das unidades de conservação e todas devem possuir um. No entanto, muitas unidades de conservação no Brasil não possuem planos de manejo e por vezes chegam a existir por mais de uma década sem qualquer documento de planejamento.

Naturalmente, os planos de manejo das unidades de conservação de proteção integral devem ser muito distintos daqueles das unidades de uso sustentável. Para as reservas biológicas, estações ecológicas e parques nacionais, o Ibama produziu um roteiro metodológico, visando orientar a confecção dos planos de manejo (Ibama, 2002). Segundo esse roteiro, os planos de manejo possuem os seguintes objetivos:

- ❑ levar a unidade de conservação a cumprir com os objetivos estabelecidos na sua criação;
- ❑ definir objetivos específicos de manejo, orientando a gestão da unidade de conservação;
- ❑ dotar a unidade de conservação de diretrizes para seu desenvolvimento;
- ❑ definir as ações específicas para o manejo da unidade de conservação;
- ❑ promover o manejo da unidade, orientado pelo conhecimento disponível ou gerado;
- ❑ estabelecer a diferenciação de intensidade de uso mediante zoneamento, visando à proteção de seus recursos naturais e culturais;
- ❑ destacar a representatividade da unidade de conservação no Snuc em face dos atributos de valorização dos seus recursos como biomas, convenções e certificações internacionais;

- estabelecer, quando couber, normas e ações específicas visando compatibilizar a presença das populações residentes com os objetivos da unidade, até que seja possível sua indenização ou compensação e sua realocação;
- estabelecer normas específicas regulamentando a ocupação e uso dos recursos da zona de amortecimento e dos corredores ecológicos, visando a proteção da unidade de conservação;
- promover a integração socioeconômica das comunidades do entorno com a unidade de conservação;
- orientar a aplicação dos recursos financeiros destinados à unidade de conservação.

O maior desafio dos planos de manejo é a necessidade de um planejamento a médio prazo combinado com uma flexibilidade que permita adaptação a circunstâncias que se modificam continuamente. Os planos refletem a maneira de pensar dos gestores das unidades de conservação, ou seja, modelos de gestão excludentes ou inclusivos se traduzem nos documentos de planejamento. O modelo excludente trata do manejo da unidade sem a participação dos habitantes da região; já no modelo inclusivo, os interesses e o bem-estar das sociedades locais são peças-chave na gestão da unidade.

Apesar de o modelo excludente ter tido êxito em algumas situações, o modelo inclusivo conta com maiores possibilidades, a longo prazo, de garantir a integridade biológica das áreas protegidas. A opção pelo modelo inclusivo, no entanto, torna a gestão e a confecção dos documentos de planejamento mais trabalhosas, pois vários interessados devem ser ouvidos e considerados. Assim, para a formulação de um plano de manejo, de forma democrática e participativa, um dos primeiros passos é a identificação dos atores sociais interessados. Com isso, surgem várias questões, como a da representação. Os interessados, em geral, possuem formas de representação, organizando-se em grupos ou associações, porém muitos atores sociais relevantes não contam com uma estrutura institucional para conduzir seus interesses. Além disso, a eqüitatividade das representações dos interessados é também fundamental (Borrini-Feyerabend, 1997). Paralelamente, surgem outras questões, como a possibilidade de participação efetiva dos diversos atores, dadas as diferenças culturais e sociais dos envolvidos. Infelizmente, não há receitas para lidar com essa situação, mas a preocupação e a sensibilidade dos gestores para tais questões pode contribuir muito.

O zoneamento da unidade de conservação

O Snuc conceitua zoneamento como

> a definição de setores ou zonas em uma unidade de conservação com objetivos de manejo e normas específicos, com o propósito de proporcionar os meios e as condições para que todos os objetivos da unidade possam ser alcançados de forma harmônica e eficaz.

Como as categorias de unidades de conservação possuem vários objetivos, o zoneamento é um importante instrumento no seu cumprimento.

O *Roteiro metodológico de planejamento* (Ibama, 2002) apresenta as seguintes zonas a serem consideradas no planejamento da unidade de conservação pertencente a essas categorias:

- zona intangível – dedicada à proteção integral dos ecossistemas, dos recursos genéticos e ao monitoramento ambiental;
- zona primitiva – seu objetivo é a preservação do ambiente natural e, ao mesmo tempo, a promoção de atividades de pesquisa científica e educação ambiental;
- zona de uso extensivo – tem o objetivo de manter um ambiente natural com impacto humano mínimo, mas com acesso ao público para fins de recreação e educação;
- zona de uso intensivo – área onde concentra-se a infra-estrutura de visitação da unidade, como centro de visitantes, museus e estabelecimento de serviços;
- zona histórico-cultural – tem como objetivo a proteção de sítios arqueológicos, paleontológicos e históricos de forma harmônica com a conservação ambiental;
- zona de recuperação – zona provisória cujo objetivo é a restauração das áreas degradadas. Quando o objetivo é cumprido, passa a integrar uma outra zona;
- zona de uso especial – área onde concentra-se a infra-estrutura administrativa da unidade;
- zona de uso conflitante – espaços cujos usos, estabelecidos antes da criação da unidade, conflitam com seus objetivos de conservação. São áreas ocupadas, em geral, por empreendimentos de utilidade pública, como linhas de transmissão, oleodutos, antenas, barragens, estradas e cabos óticos;
- zona de ocupação temporária – áreas onde se concentram as populações residentes. Com as populações reassentadas em outro local, a área passa a uma outra zona;

- zona de superposição indígena – áreas onde há terras indígenas, homologadas ou não, sobrepostas à unidade de conservação. Nesse caso, o *Roteiro metodológico de planejamento* recomenda uma negociação, caso a caso, envolvendo o povo indígena, a Funai e o Ibama;
- zona de interferência experimental – zona específica para as estações ecológicas, consiste em no máximo 3% da unidade, não podendo superar 1.500 hectares. Seu objetivo é o desenvolvimento de pesquisas comparativas em áreas protegidas.

O *Roteiro metodológico de planejamento* também traz uma série de critérios para definição do zoneamento, divididos em critérios indicativos de valores para a conservação e critérios indicativos para a vocação de uso. Na primeira categoria, estão a representatividade, a diversidade de espécies, a presença de áreas de transição entre ambientes, a suscetibilidade ambiental e a presença de sítios arqueológicos ou paleontológicos. Na segunda, os critérios são o potencial de visitação, o potencial para a conscientização ambiental, a presença de infra-estrutura, a existência de uso conflitante e a presença de populações.

Os planos de utilização e os planos de desenvolvimento das reservas extrativistas

As reservas extrativistas são estabelecidas em virtude de uma solicitação formal dos moradores da área, portanto, não passam pelos processos de seleção acima descritos e seus limites são propostos pelos próprios moradores da área. Para formalizar o pedido de transformação da área numa reserva extrativista, estes, de preferência organizados em uma entidade que os represente, devem apresentar, entre outras informações, um plano de utilização da reserva, que deve conter os seguintes elementos:

- finalidades do plano – consiste em fazer uma breve descrição dos meios a utilizar para manter a reserva como unidade destinada à exploração auto-sustentável e à conservação dos recursos naturais renováveis, pelos seus moradores;
- responsáveis pela execução do plano;
- intervenções humanas na floresta – ordenamento das intervenções humanas, com os princípios a serem respeitados, as atividades que podem ser realizadas, as atividades não permitidas e as quantidades e formas de intervenção, divididas nas categorias:

   - intervenções extrativistas e agropastorais (as atividades que os moradores estão habituados a realizar);
   - novas intervenções na floresta: são atividades a serem introduzidas, como a extração de novos produtos;
   - intervenções na fauna;
   - intervenções nas áreas de uso comum;
- atividades de fiscalização da reserva;
- penalidades pelo descumprimento dos objetivos da reserva;
- disposições sobre obras dentro da reserva.

Depois da formalização da reserva extrativista, quer dizer, da aprovação do plano de utilização pelos moradores e da assinatura do Contrato de Concessão de Direito Real de Uso, começam as atividades de consolidação da reserva, como a elaboração do plano de desenvolvimento que visa complementar o plano de utilização já formulado. Do plano de desenvolvimento, deverão constar os seguintes temas:

- capacitação para a gestão da reserva;
- organização social e comunitária;
- gestão da reserva, incluindo atividades de planejamento, acompanhamento e controle, fiscalização e avaliação;
- produção e comercialização;
- melhoria das condições de vida, incluindo habitação, transporte, saúde e educação;
- apoio institucional.

O monitoramento das áreas protegidas

A avaliação das unidades de conservação e de seu manejo é necessária já que as áreas protegidas enfrentam contínuas ameaças e que a biodiversidade que se quer conservar é dinâmica. A avaliação é realizada a fim de promover o manejo adaptativo, aperfeiçoar o planejamento ou verificar a eficiência da unidade. O manejo adaptativo é um processo cíclico onde as informações sobre o passado retroalimentam e aperfeiçoam a forma em que o manejo será conduzido no futuro. Para tanto, avaliar a efetividade das atividades de manejo adotadas é um passo fundamental. O aperfeiçoamento do planejamento vai desde a avaliação do desenho da unidade e suas conexões com os ambientes fora de seus limites, até a análise dos programas desenvolvidos na unidade. Por fim, a verificação da eficiência, uma demanda crescente da sociedade, permite examinar como, e se, os objetivos da unidade estão sendo cumpridos e a que custos (Hockings et al., 2000).

O monitoramento das áreas protegidas pode se dar em duas escalas e em pelo menos dois enfoques. A primeira escala é a da unidade de conservação em si, a avaliação de uma determinada unidade. A segunda escala é a do sistema de áreas protegidas – nacional ou regional. Nesse caso, as unidades são examinadas como parte de um sistema que possui objetivos mais amplos e efeitos complementares. No que tange aos enfoques, o primeiro é relativo à eficiência do manejo, e o segundo à eficiência da conservação da biodiversidade. Evidentemente, os enfoques se confundem, pois o manejo visa, entre outros objetivos, garantir a conservação da biodiversidade. Não obstante, os indicadores para esses enfoques devem ser diferentes, pois é possível ter um manejo que cumpra seus objetivos preestabelecidos, mas não assegure a manutenção da biodiversidade.

O *Roteiro metodológico de planejamento* (Ibama, 2002) preconiza o monitoramento de três aspectos da unidade:

- avaliação anual da implementação do plano de manejo – atividade que visa à eventual correção de rumos e ao estabelecimento de novas atividades para a consecução dos objetivos delineados no plano. É realizada examinando as diversas atividades descritas pelo plano e seu grau de implementação;
- avaliação da efetividade do planejamento – realizada no meio e no final do período de vigência do plano, tem como finalidade mostrar o que deve ser corrigido no planejamento da unidade. Para essa avaliação, os gestores da unidade devem desenvolver um conjunto de indicadores;
- avaliação da efetividade do zoneamento – permite verificar se as zonas foram adequadamente alocadas, bem como reavaliar a situação das zonas temporárias.

Para avaliar a conservação da biodiversidade nas áreas protegidas federais brasileiras foi criado o Sistema de Monitoramento da Biodiversidade nas Unidades de Conservação (Simbio), ainda em fase experimental. Nessa etapa, estão sendo monitoradas seis unidades de conservação – quatro parques nacionais e duas reservas biológicas – nos biomas Pantanal, Cerrado e Mata Atlântica. A proposta do Simbio é de uma avaliação contínua das unidades, levando em conta, além dos aspectos relacionados com a conservação da biodiversidade, aspectos sociais, econômicos e institucionais.

As áreas privadas

O Snuc alçou as Reservas Particulares do Patrimônio Natural (RPPN) à condição de unidades de conservação. Por um lado, essa caracterização é muito positiva, pois insere essas áreas no sistema de unidades de conservação. Por outro, sua realidade e suas necessidades são de natureza tão distinta das outras unidades de conservação que, talvez, essas áreas ficassem melhor colocadas como elementos acessórios ao conjunto de unidades de conservação, mas fazendo parte de um sistema maior de áreas protegidas.

Hoje, existem no país cerca de 650 RPPNs. Ainda assim, essa modalidade de conservação possui um potencial bem maior que deveria ser explorado.

Outros programas e instrumentos de conservação da biodiversidade e sua relação com as áreas protegidas

Um importante instrumento na conservação da biodiversidade é a Convenção sobre Diversidade Biológica (CDB). Essa convenção, ratificada pelo Brasil em 1994, possui um artigo sobre conservação *in situ*[14] que apresenta dispositivos sobre as áreas protegidas.

> Art. 8º. Conservação *in situ*
> Cada Parte Contratante deve, na medida do possível e conforme o caso:
> a) estabelecer um sistema de áreas protegidas ou áreas onde medidas especiais precisem ser tomadas para conservar a diversidade biológica;
> b) desenvolver, se necessário, diretrizes para a seleção, estabelecimento e administração de áreas protegidas ou áreas onde medidas especiais precisem ser tomadas para conservar a diversidade biológica;
> c) regulamentar ou administrar recursos biológicos importantes para a conservação da diversidade biológica, dentro ou fora de áreas protegidas, a fim de assegurar sua conservação e utilização sustentável;
> d) promover a proteção de ecossistemas, hábitats naturais e manutenção de populações viáveis de espécies em seu meio natural;

---

[14] Refere-se à "conservação de ecossistemas e hábitats naturais e a manutenção e recuperação de populações viáveis de espécies em seus meios naturais e, no caso de espécies domesticadas ou cultivadas, nos meios onde tenham desenvolvido suas propriedades características" (CDB).

e) promover o desenvolvimento sustentável e ambientalmente sadio em áreas adjacentes às áreas protegidas a fim de reforçar a proteção dessas áreas.

Dessa forma, a CDB estabelece bases para um sistema de áreas protegidas sem deixar de levar em conta o ambiente fora delas. Recentemente, na Conferência das Partes da CDB, instância máxima de decisões da convenção, aprovou-se um programa de trabalho de áreas protegidas com metas de acréscimo significativo da rede mundial de áreas protegidas terrestres até o ano de 2010 e marinhas até 2012.

Uma das obrigações contraídas pelo Brasil ao ratificar a convenção é a formulação de uma estratégia nacional de biodiversidade. Em 2002, o país formalizou as diretrizes e os princípios que balizarão essa estratégia em um documento intitulado "Da Política Nacional de Biodiversidade" (Decreto nº 4.339, de 22 de agosto de 2002). Esse documento é dividido em sete componentes, um dos quais é a conservação da biodiversidade.[15] Esse componente traz uma diretriz e objetivos específicos para as unidades de conservação.

Diretriz: conservação de ecossistemas em unidades de conservação. Promoção de ações de conservação *in situ* da biodiversidade dos ecossistemas nas unidades de conservação, mantendo os processos ecológicos e evolutivos, a oferta sustentável dos serviços ambientais e a integridade dos ecossistemas.

Objetivos específicos:

1. apoiar e promover a consolidação e a expansão do Sistema Nacional de Unidades de Conservação da Natureza – Snuc, com atenção particular para as unidades de proteção integral, garantindo a representatividade dos ecossistemas e das ecorregiões e a oferta sustentável dos serviços ambientais e a integridade dos ecossistemas;
2. promover e apoiar o desenvolvimento de mecanismos técnicos e econômicos para a implementação efetiva de unidades de conservação;
3. apoiar as ações do órgão oficial de controle fitossanitário com vistas a evitar a introdução de pragas e espécies exóticas invasoras em áreas no entorno e no interior de unidades de conservação;

---

[15] A Política Nacional de Biodiversidade procurou um balanço entre os três objetivos da CDB: conservação, uso sustentável e repartição de benefícios. Desse modo, há entre seus sete componentes, além do relativo à conservação da biodiversidade, os que tratam de uso e repartição de benefícios, bem como de pressupostos para a consecução de tais objetivos, como aumento do conhecimento sobre a biodiversidade e ações de conscientização e educação.

4. incentivar o estabelecimento de processos de gestão participativa, propiciando a tomada de decisões com participação da esfera federal, da estadual e da municipal do Poder Público e dos setores organizados da sociedade civil, em conformidade com a Lei do Sistema Nacional de Unidades de Conservação da Natureza – Snuc;
5. incentivar a participação do setor privado na conservação *in situ*, com ênfase na criação de Reservas Particulares do Patrimônio Natural – RPPN, e no patrocínio de unidade de conservação pública;
6. promover a criação de unidades de conservação de proteção integral e de uso sustentável, levando-se em consideração a representatividade, conectividade e complementaridade da unidade para o Sistema Nacional de Unidades de Conservação;
7. desenvolver mecanismos adicionais de apoio às unidades de conservação de proteção integral e de uso sustentável, inclusive pela remuneração dos serviços ambientais prestados;
8. promover o desenvolvimento e a implementação de um plano de ação para solucionar os conflitos devidos à sobreposição de unidades de conservação, terras indígenas e de quilombolas;
9. incentivar e apoiar a criação de unidades de conservação marinhas com diversos graus de restrição e de exploração;
10. conservar amostras representativas e suficientes da totalidade da biodiversidade, do patrimônio genético nacional (inclusive de espécies domesticadas), da diversidade de ecossistemas e da flora e fauna brasileira (inclusive de espécies ameaçadas), como reserva estratégica para usufruto futuro.

O documento também apresenta várias diretrizes para a conservação e uso sustentável da biodiversidade fora das unidades de conservação, que colaboram, indiretamente, para o sucesso das áreas protegidas, pois visam assegurar os processos ecológicos. A Comissão Nacional de Biodiversidade coordena a implementação da Política Nacional de Biodiversidade, bem como zela pelo cumprimento dos compromissos assumidos pelo país junto à Convenção sobre Diversidade Biológica.

Há vários outros programas governamentais que tratam de conservação da biodiversidade. Alguns deles possuem interações diretas com as áreas protegidas; outros, relações indiretas, pois tratam da conservação de determinadas espécies ou grupos biológicos, da recuperação de áreas degradadas ou de práticas de uso sustentável dos recursos naturais.

Um dos mais significativos é o chamado PPG7, Programa Piloto para a Proteção das Florestas Tropicais do Brasil, lançado em 1992, coordenado pelo Ministério do Meio Ambiente e apoiado pelo Grupo dos Sete Países Industrializados (G-7). Seus objetivos gerais são a proteção e uso sustentável das florestas na Amazônia e na Mata Atlântica, assim como o bem-estar das populações locais. Em 2003, iniciou-se a segunda fase desse projeto que deve durar até 2010. O programa é composto de subprogramas e projetos. Eis alguns deles:

- Projeto Corredores Ecológicos – proposta de proteção de sete grandes áreas de floresta tropical, com significativa diversidade biológica, localizadas na Amazônia e na Mata Atlântica, abarcando unidades de conservação federais, estaduais e municipais, reservas particulares e terras indígenas. O projeto prevê o estabelecimento de conexões entre essas áreas e a promoção do apoio e da participação das populações locais nas atividades de proteção à biodiversidade. Apenas dois dos corredores, os chamados centrais da Amazônia e da Mata Atlântica, até o momento, apresentam uma proposta final de execução;
- Subprograma Mata Atlântica – iniciou-se em 1999, com a aprovação do Plano de Ação da Mata Atlântica. O subprograma possui objetivos como contribuir para a redução do processo de empobrecimento biológico e cultural da Mata Atlântica, para a redução do desmatamento e queimadas, para a recuperação, regeneração, proteção, conservação, valorização e uso apropriado dos recursos da Mata Atlântica; aumentar a quantidade de hectares de áreas protegidas na Mata Atlântica; ações de capacitação, proteção e regularização fundiária das terras das populações tradicionais e indígenas da região; e apoiar a integração do manejo com a ocupação urbana nas áreas de influência, entorno, tampão ou amortecimento de unidades de conservação;
- Apoio ao Manejo Florestal Sustentável na Amazônia (Promanejo) – trata-se de contribuir para que os produtos madeireiros da região sejam oriundos de unidades de produção onde se pratique o manejo florestal de impacto reduzido e de gerar experiências-piloto que contribuam para o aprendizado dos diversos segmentos envolvidos com a questão florestal e com a gestão de unidades de conservação de uso sustentável. Esse projeto tem atuado na Floresta Nacional do Tapajós, no estado do Pará, formulando planos de manejo florestais para algumas espécies, fomentando o manejo comunitário e incentivando atividades de fiscalização, ecoturismo e educação ambiental;

- Projeto Reservas Extrativistas – iniciado em 1995, contribuiu para a implementação de quatro reservas extrativistas, Chico Mendes e Alto Juruá, no estado do Acre, do Rio Ouro Preto, no estado de Rondônia, e a do Rio Cajari, no estado do Amapá, fortalecendo as organizações comunitárias, aperfeiçoando o manejo dos recursos naturais, introduzindo vários produtos novos e novas técnicas de produção, inclusive o uso de plantas medicinais, e incentivando a produção de artesanato.

Outros projetos e subprogramas do PPG7 estão relacionados de forma indireta com as áreas protegidas, pois contribuem com o uso sustentável dos recursos naturais fora das unidades, ajudando a preservar os processos ecológicos que asseguram a manutenção da biodiversidade dentro das áreas protegidas. Vale mencionar os seguintes:

- Projetos Demonstrativos A (PD/A) – trata-se de promover a execução de projetos por comunidades e organizações de base na Mata Atlântica e na Amazônia, envolvendo o uso sustentável dos recursos naturais, e de conceber e aplicar novos modelos de sustentabilidade ambiental e socioeconômica;
- Mobilização e Capacitação em Prevenção de Incêndios Florestais (Proteger) – coordenado pelo Grupo de Trabalho Amazônico (GTA), esse projeto visa desenvolver campanhas de mobilização para alertar as comunidades sobre os perigos das queimadas descontroladas e treinar a população local na prevenção de incêndios. Durante uma segunda fase, tem como objetivos minimizar o uso do fogo e promover a adoção de práticas sustentáveis nos sistemas de produção dos agricultores familiares (incluindo extrativistas e indígenas) na Amazônia Legal, de forma a contribuir para a redução da incidência de incêndios florestais e das taxas de desflorestamento na região;
- Subprograma de Políticas de Recursos Naturais (SPRN) – maior subprograma do PPG7, seu objetivo é definir e implementar um modelo de gestão ambiental integrada para a Amazônia Legal, visando o uso sustentável dos recursos naturais. Para tanto, o subprograma atua na implementação integrada das atividades de gestão ambiental, como o zoneamento ecológico-econômico e o monitoramento ambiental, no fortalecimento dos órgãos estaduais de meio ambiente, no apoio à descentralização da gestão ambiental do nível federal para os níveis estadual e municipal, na integração das diversas entidades ambientais estaduais com os setores públicos e privados e na difusão da temática ambiental;

- Manejo dos Recursos Naturais da Várzea (Provárzea) – trata-se de estabelecer bases científica, técnica e política para a conservação e o manejo ambiental e socialmente sustentável dos recursos naturais da várzea, na calha central da bacia amazônica, com ênfase nos recursos pesqueiros.

Além desses projetos do PPG7 na região amazônica, há outros projetos dignos de menção, como o Projeto de Recuperação de Áreas Degradadas, que atua principalmente no chamado arco do desmatamento[16] e o Programa para o Desenvolvimento do Ecoturismo na Amazônia Legal (Proecotur), que envolve um componente de estabelecimento de novos parques estaduais e gerenciamento de alguns parques nacionais já existentes.

Há, ainda, diversos projetos que envolvem espécies ou grupos. Um bom exemplo desse tipo de projeto é o Tamar, que tem como objetivo proteger as tartarugas-marinhas. Ele possui 20 bases, distribuídas por oito estados brasileiros e conta com uma grande simpatia da sociedade. Uma característica do projeto é que 90% das pessoas nele envolvidas são membros das comunidades onde as bases estão instaladas. Algumas estão localizadas em unidades de conservação, como no Parque Nacional de Fernando de Noronha.

Outros projetos possuem, também, fortes vínculos com algumas áreas protegidas, como o Projeto Baleia Jubarte, cuja sede fica no Parque Nacional Marinho de Abrolhos, no estado da Bahia e o Projeto Golfinho Rotator, desenvolvido em Fernando de Noronha.

Para saber mais

Sobre a situação mundial das áreas protegidas

O site da World Database on Protected Areas, <www.unep-wcmc.org/protected_areas/>, traz as informações básicas atualizadas, além de muitas outras como áreas transfronteiriças, reservas privadas e áreas protegidas marinhas.

Sobre a situação das unidades de conservação brasileiras

O site do Ibama, <www.ibama.gov.br>, fornece as informações básicas sobre as unidades e é mantido atualizado.

---

[16] Região particularmente submetida à pressão do desmatamento que se estende do Maranhão e Tocantins a leste, passando pelo Pará, Mato Grosso, Rondônia, sul do Amazonas e leste do Acre.

Sobre a avaliação e identificação de ações prioritárias para a conservação, utilização sustentável e repartição dos benefícios da biodiversidade brasileira

O site do Ministério do Meio Ambiente, <www.mma.gov.br>, traz os resultados dessa avaliação. Informações mais detalhadas podem ser obtidas na publicação, editada pelo Ministério do Meio Ambiente, intitulada *Biodiversidade brasileira* (2002). A publicação premiada com o Jabuti *Biodiversidade na Amazônia brasileira* traz maiores informações sobre os resultados obtidos para a Amazônia, bem como os artigos que subsidiaram a análise. Com a organização coordenada por João Paulo Capobianco, o livro é uma co-edição da Estação Liberdade e do Instituto Socioambiental – ISA (2001).

Sobre o Projeto Áreas Protegidas para a Amazônia

No site do Ministério do Meio Ambiente, <www.mma.gov.br/port/sca/arpa/>, há algumas informações básicas.

Sobre a Convenção sobre Diversidade Biológica

O secretariado da convenção mantém um site oficial bastante completo e atualizado, <www.biodiv.org>, onde é possível, inclusive, encontrar o texto do programa sobre áreas protegidas da convenção. No livro, *Meio ambiente Brasil* (co-editado pela Fundação Getulio Vargas, Instituto Socioambiental – ISA e Estação Liberdade e organizado por Aspásia Camargo, João Paulo Capobianco e José Antônio Puppim de Oliveira, 2002), é possível encontrar um capítulo intitulado "Convenção sobre diversidade biológica", de minha autoria, onde se explica o funcionamento desse órgão internacional.

Sobre outros programas de conservação da biodiversidade

O site do Ministério do Meio Ambiente, <www.mma.gov.br>, traz informações sobre a maioria dos programas. Alguns têm seus próprios sites, como o Projeto Tamar, <www.tamar.org.br>.

3

Áreas protegidas e processos mantenedores de biodiversidade

A dinâmica da biodiversidade e suas implicações para as áreas protegidas[17]

Atualmente, poucos de nós relutariam em admitir que a natureza é dinâmica. Ao longo do tempo e do espaço, em função da presença ou ausência de determinados fatores, a biodiversidade se transforma. Tais transformações se refletem na composição local de espécies, no aparecimento e desaparecimento de ecossistemas e nas mudanças nas paisagens. Todos esses processos estão, em última instância, relacionados com a evolução dos organismos e suas implicações.

O estabelecimento e o manejo das áreas protegidas estão intrinsecamente ligados a esses processos e não podem deixar de considerá-los, sob pena de não conservar a biodiversidade das áreas. A gestão das unidades de conservação deve levar em conta, ainda, a escala em que esses processos ocorrem – escala que, na maioria dos casos, transcende espacial e temporalmente a área protegida – para assegurar sua integridade ecológica a longo prazo.

O tempo, a diversidade biológica e as áreas protegidas

A quantidade e a composição das espécies no planeta variam ao longo do tempo e condicionam a presença de ecossistemas e paisagens. A análise de fósseis de algas, fungos, protistas, plantas e animais revela que a diversidade da vida marinha e

---

[17] Esta seção é uma adaptação de parte da dissertação de mestrado da autora (Bensusan, 1997).

terrestre aumentou exponencialmente desde o fim do Pré-Cambriano. A diversidade dos organismos cresceu rapidamente durante o Vendiano e o começo do Cambriano (aproximadamente 550 milhões de anos atrás), atingindo uma diversidade global de 280 famílias, para depois decrescer para 120 famílias no fim do Cambriano e aumentar durante o Ordoviciano (aproximadamente 450 milhões de anos atrás) para aproximadamente 450 famílias. Durante o Paleozóico, o número de famílias cresceu gradualmente de 450 para 600 famílias, caiu para 420 famílias no começo do Triássico (aproximadamente 240 milhões de anos atrás), aumentando rapidamente para 1.260 famílias no fim do Cretáceo (aproximadamente 65 milhões de anos atrás) e para 2.150 famílias no Pleistoceno (aproximadamente 10 mil anos atrás) e Holoceno. A diversidade máxima nesses períodos foi de 650 famílias no fim do Permiano (aproximadamente 250 milhões de anos atrás), 1.350 famílias no fim do Cretáceo e 2.400 famílias no Pleistoceno e Holoceno.

A diversidade de organismos continentais aumentou dramaticamente desde o Siluriano (aproximadamente 420 milhões de anos atrás) até o presente. Tal crescimento revela, essencialmente, a irradiação das plantas terrestres, insetos e vertebrados. Os organismos marinhos, por sua vez, apresentam um padrão mais complexo: um pico de diversidade entre o Vendiano e o começo do Cambriano, seguido por um número aproximadamente constante durante o Paleozóico e um aumento ao longo do Mesozóico e do Cenozóico para mais de 1.100 famílias. O número de novas famílias que surgem ao longo do tempo geológico varia bastante. Os maiores índices de diversificação são observados na conquista de novos hábitats e após eventos de extinção em massa (Benton, 1995).

Aparentemente, a cada milhão de anos, um quarto das espécies presentes na Terra se extinguem, por questões desconhecidas. As explicações para essas extinções, conhecidas como extinções de fundo, vão desde as idéias de Darwin sobre competição interespecífica, até as mudanças climáticas e a acumulação de genes deletérios como resultados de endogamia (Sepkoski, 1995). Ressalte-se, porém, que, após a diversificação de espécies no começo do Cambriano, a extinção de espécies passou a ser tão comum quanto sua origem. A duração média de uma espécie é, em geral, menor do que 10 milhões de anos e a composição específica da Terra, desde as origens da vida no planeta, já mudou completamente algumas vezes. Por exemplo, no mais sério dos episódios de extinções em massa, que teria tido lugar no fim do Permiano (250 milhões de anos atrás), 52% das famílias de animais marinhos foram extintas e o efeito, apesar de menor, foi também bastante significativo sobre os organismos terrestres. No intervalo de tempo entre os episódios de extinções em massa aconteceram muitos eventos de extinção menores, mas ainda não está claro se eles fazem parte da extinção de fundo ou se são eventos diferentes (Raup, 1988).

Com base nas informações disponíveis, é possível identificar cinco episódios nos quais grande parte das espécies do planeta teria se extinguido. A tabela 2 apresenta esses episódios. De acordo com o que se sabe atualmente, o evento do Permiano superou os outros, pois teria extinguido 60,9% de todas as formas de vida. Apesar de sua magnitude, as causas permanecem incertas. A diminuição do nível do mar, causando uma redução física do hábitat; mudanças climáticas e redução de endemismo; anoxia oceânica generalizada e explosão de uma supernova estão entre as possibilidades (Sepkoski, 1995).

Tabela 2

Os episódios de extinção em massa

Episódio de extinção em massa	Extinção de famílias observada (%)	Extinção de espécies calculada (%)
Final do Ordoviciano (439 Maa)	26	84
Devoniano superior (367 Maa)	22	79
Final do Permiano (254 Maa)	51	95
Final do Triássico (208 Maa)	22	79
Final do Cretáceo (65 Maa)	16	70

Fonte: Adaptada de Jablonski, 1994.
Maa: milhões de anos atrás.

O melhor estudo entre os episódios de extinção em massa é o mais recente, o do fim do Cretáceo (65 milhões de anos atrás), bastante conhecido como o evento que teria causado o desaparecimento dos dinossauros. Para tal evento, há duas explicações principais: a primeira, proposta por Alvarez e outros (1980), sugere que essas extinções teriam sido causadas pelo impacto de um asteróide, o que teria resultado na cobertura da Terra por uma nuvem de poeira opaca que teria interrompido a produção primária, resultando na morte por inanição de herbívoros e carnívoros. As evidências que respaldam essa proposta são muito controversas, principalmente porque os fósseis de muitos grupos revelam uma extinção gradual durante os últimos 10 milhões de anos do Cretáceo. A segunda explicação indica um explosivo vulcanismo generalizado que teria perturbado os organismos por meio de mudanças climáticas acentuadas causadas por uma injeção de sulfatos e aerossóis na atmosfera. A recuperação da diversidade biológica após os eventos de extinções em massa é rápida em termos geológico, mas lenta na escala ecológica: requer algo entre cinco e 10 milhões de anos (Jablonski, 1994).

As extinções do final do Pleistoceno (aproximadamente 10 mil anos atrás) foram os eventos mais significativos em termos de redução da diversidade de animais terrestres do final do Cenozóico. Na América do Norte, as extinções parecem se concentrar no intervalo de 9 mil a 18 mil anos atrás. Cerca de 43 gêneros se extinguiram e 91% deles eram animais de grande porte, ou seja, possuíam peso médio maior que 5 kg. Na América do Sul, aconteceu algo semelhante à fauna de mamíferos: no mesmo intervalo, 46 gêneros foram extintos, a maioria de grande porte. Na Eurásia, as extinções eliminaram a maioria dos grandes mamíferos. Na Austrália, as extinções aconteceram mais cedo, por volta de 40 mil anos atrás e suprimiram 21 gêneros de mamíferos, a maior parte de grande porte. Apenas a África parece ter permanecido somente com as extinções de fundo.

Considera-se, atualmente, duas hipóteses para explicar as causas das extinções: a excessiva predação humana ou as rápidas mudanças climáticas do final do último período de glaciação. A primeira se respalda na coincidência entre as extinções nas Américas e na Austrália e a colonização dos continentes pela humanidade; além dos sítios arqueológicos revelarem pinturas retratando grandes mamíferos extintos sendo caçados. A segunda hipótese encontra apoio na associação entre as extinções do começo do Cenozóico e as mudanças climáticas; no fato de alguns animais extintos serem pequenos o suficiente para não serem predados pelos homens e nas grandes mudanças ocorridas na composição e estrutura das comunidades terrestres quando do retrocesso das geleiras no fim do Pleistoceno (Sepkoski, 1995).

Os dados ecológicos do Quaternário (de 1,6 milhão de anos atrás até o presente) podem servir para testar questões relacionadas à estabilidade dos ecossistemas por meio do exame das evidências de mudanças na resiliência e persistência dos ecossistemas. Modificações nas características desses ecossistemas podem estar relacionadas a mudanças na disponibilidade de nutrientes nos solos e nas águas; a alterações da composição das espécies, como resultado da migração pós-glacial derivada das áreas de refúgio; e a atividades antropogênicas que podem, por sua vez, reduzir o número de espécies nativas, causando mudanças na situação nutricional dos solos e alterando o balanço trófico mediante a remoção seletiva de predadores ou de herbívoros.

Os dados paleoecológicos sobre as mudanças sofridas pelos ecossistemas nos diversos ciclos das glaciações fornecem pistas sobre as formas e mecanismos de desenvolvimento dos ecossistemas. Esses dados do passado podem ajudar com respostas sobre o comportamento de espécies, comunidades e ecossistemas diante das mudanças ambientais previstas para o futuro. Apesar de o conhecimento atual sobre a tolerância e as interações das espécies ser ainda insuficiente para prever com certeza a dinâmica que as populações apresentarão em resposta às condições diferentes daquelas enfrentadas nesse período do Quaternário, é cabível supor que, com o aquecimento global, muitas espécies desaparecerão e outras migrarão, contraindo sua faixa de distribuição geográfica. Os ecótonos, nos limites das distribuições geográficas dos biomas, serão, possivelmente, os primeiros a serem atingidos pelas mudanças climáticas. Modificações substanciais na posição dos ecótonos na região dos Grandes Lagos americanos foram observadas entre o presente e o pico interglacial do Holoceno (há 6 mil anos), associadas com alteração de 2°C na média de temperatura global (Delcourt e Delcourt, 1991).

A identificação das áreas geográficas mais vulneráveis às mudanças futuras nos ecossistemas, realizada por meio dos dados ecológicos do Quaternário, pode fornecer informações importantes para a seleção de sítios para alocação de unidades de conservação. Delcourt e Delcourt (1991) assinalam que a alocação de áreas protegidas com a finalidade de conservar biodiversidade deve levar em conta o histórico do Quaternário recente em relação ao conjunto de comunidades bióticas e a evidência de resiliência dos ecossistemas a mudanças climáticas; proximidade dos limites principais dos ecótonos; gradientes passados, presentes e potenciais no futuro de abundância e diversidade de espécies com distância desses ecótonos; área crítica mínima para manutenção de populações das espécies numa determinada reserva; e existência de corredores de migração potenciais entre as reservas para maximizar o êxito da dispersão e do estabelecimento de espécies que estão migrando. Por exemplo, uma reserva, no Hemisfério Norte, criada perto do limite sul atual de distribuição de várias espécies, pode vir a perder área como reserva dessas espécies quando elas contraírem sua distribuição geográfica para o norte e forem substituídas por espécies que migraram do sul. Nesse caso, uma reserva criada no limite norte da distribuição geográfica dessas espécies teria mais chance de abrigar a futura faixa de distribuição dessas espécies.

Figura 2

Representação esquemática da mudança do limite sul (LS) da distribuição geográfica de uma espécie a ser conservada na reserva

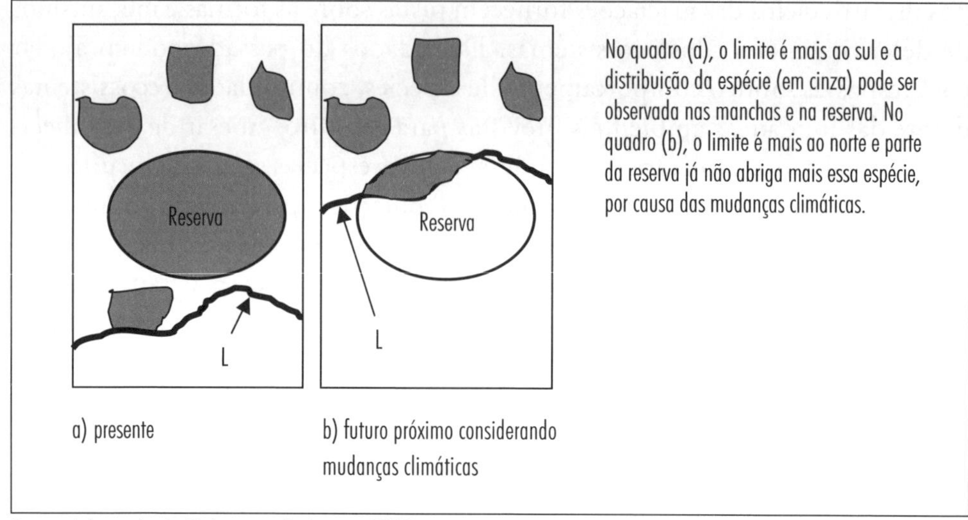

Fonte: Adaptado de Delcourt e Delcourt, 1991.

Os eventos históricos são muito importantes, pois estabelecem os fundamentos sobre os quais os processos evolucionários e ecológicos do presente e do futuro operam. Os efeitos espaciais e temporais na biodiversidade são resultados de eventos que ocorreram numa longa escala evolucionária de tempo, até eventos recentes que ocorreram há poucos anos. Os exemplos vão dos eventos climáticos do Pleistoceno, que condicionaram em grande parte a diversidade regional, às conseqüências ecológicas e evolucionárias de eventos recentes como os efeitos do El Niño (Blondel e Vigne, 1993).

O espaço, a diversidade biológica e as áreas protegidas

A diversidade biológica varia bastante espacialmente. Ao longo das diferentes latitudes e longitudes, encontra-se uma diversidade de espécies distintas, hábitats peculiares, ecossistemas diferentes e paisagens que não se repetem; depara-se, também, com populações distintas de uma mesma espécie e com comunidades com composição específica semelhante, mas revelando interações únicas. A heterogeneidade do ambiente, por um lado, oferece possibilidade para tal diversidade e, por outro lado, é função dessa mesma diversidade.

Essa heterogeneidade permite a existência de ambientes apropriados para a sobrevivência de organismos distintos, desde pássaros norte-americanos que precisam da floresta tropical para passar o inverno, até as bactérias causadoras do tétano, que necessitam de um ambiente anaeróbico para se reproduzir. Há, entretanto, ambientes que se revelam adequados para uma grande quantidade de organismos, como as florestas tropicais, que apesar de cobrirem apenas 7% da superfície terrestre, concentram mais da metade de todas as espécies presentes no mundo. O conjunto de itens abaixo apresenta alguns dos ambientes de maior diversidade de espécies do planeta (Huntley, 1988; McNeely et al., 1990; Wilson, 1992; Eiten, 1994):

- Província Florística do Cabo, na África do Sul, onde são encontradas cerca de 94 espécies de plantas com sementes a cada 1.000 km^2, um altíssimo grau de endemismo, e onde, de uma mancha de vegetação para outra, é possível encontrar 45% de variação na composição de espécies;
- Lagos africanos (Lagos Vitória, Tanganica e Malawi), uma notável diversidade de espécies de ciclídeos, com um endemismo de cerca de 99% relativo, além de endemismo variando entre 40% e 70% em relação às outras espécies presentes nos lagos;
- Cerrado brasileiro, onde a flora arbóreo-arbustiva abrange mais de mil espécies e nos cerrados mais densos pode-se ter mais de 150 dessas espécies por hectare (0,01 km^2). Nos cerrados mais abertos, há menor número por hectare, geralmente entre 40 e 80 e, em certos campos sujos, o número de espécies por hectare gira em torno de 10 a 15;
- Florestas tropicais de Madagascar, que possuíam por volta de 6 mil espécies de plantas, das quais 82% seriam endêmicas;
- Mata Atlântica, onde supõe-se que a flora chegava a abrigar 10 mil espécies, das quais 50% seriam endêmicas;
- Chocó colombiano, o endemismo seria de 25% das 10 mil espécies vegetais presentes;
- Filipinas, das 8.500 espécies de plantas das florestas tropicais, 44% seriam endêmicas;
- Nova Caledônia, o endemismo chega a atingir 89% das 1.580 espécies da flora.

O processo de extinção, seja ele de espécies ou de populações, está ligado à dinâmica espacial. Entre as causas imediatas de extinção, ou seja, as razões que levam uma população pequena ao fim, mesmo quando está protegida, geralmente, incluem-se a "estocasticidade" ambiental e demográfica, a deterioração genética e a disfunção social. As causas últimas ou básicas de extinção relacionam-se com os motivos que determinam a raridade de uma espécie. Há várias formas de raridade, que envolvem tanto a extensão da distribuição geográfica, quanto a abundância populacional dentro dessa distribuição. Em geral, os dois parâmetros não são independentes. Considerando certas taxas e determinadas regiões geográficas, espécies com extensas distribuições tendem a apresentar maior abundância local nos sítios onde ocorrem do que espécies com distribuição geográfica mais restrita. Há exceções: espécies que são amplamente distribuídas, entretanto são pouco abundantes em todos os sítios, e espécies comuns localmente, mas com distribuição geográfica limitada. Se as condições forem as mesmas, as espécies com pequena distribuição geográfica correm maior risco de extinção, pois, em geral, são pouco abundantes nos locais onde estão presentes. Vários outros padrões espaciais influenciam a vulnerabilidade das espécies à extinção, como a diminuição constante da extensão da distribuição geográfica, à medida que se aproxima dos trópicos, e a variação da abundância dentro da extensão da distribuição geográfica (Lawton, 1994).

Um processo que se torna cada dia mais comum e possui grande influência sobre a manutenção da biodiversidade e significativas implicações no estabelecimento e manejo das áreas protegidas é a fragmentação dos hábitats.

A fragmentação dos hábitats é um processo dinâmico constituído basicamente de três componentes: a perda de hábitats na paisagem como um todo, a redução do tamanho dos remanescentes e o crescente isolamento do fragmento por novas formas de uso (Bennett, 1999). Tais transformações produzem grandes efeitos sobre a biodiversidade. Os fragmentos são mais suscetíveis aos riscos demográficos e genéticos associados com o pequeno tamanho da população, com o efeito das bordas do hábitat e com os perigos enfrentados pelos organismos ao se moverem entre os fragmentos. A magnitude de tais efeitos depende da extensão e forma do fragmento, de seu número, da distância entre eles e do ambiente do entorno. O número e a extensão dos fragmentos afetam diretamente a quantidade de espécies que são capazes de manter populações suficientemente grandes para persistir em cada fragmento; muitas vezes a área do fragmento é menor do que a necessária para garantir a presença de uma espécie. Outras vezes, mesmo quando o fragmento tem dimensões suficientes para abrigar uma espécie, pode falhar por não possuir a variedade de micro-hábitats necessária para a manutenção da espécie ali (Gromm e Schumaker, 1993).

Os fragmentos sofrem também os efeitos do isolamento, porque ele transforma as flutuações demográficas em risco de extinção para as populações dos fragmentos, pois intercâmbio entre eles pode não ser suficiente para manter a diversidade genética. A redução da variabilidade genética conduz a uma diminuição da plasticidade da espécie, tornando as respostas evolucionárias às mudanças ambientais mais difíceis e lentas. No quadro 10, é possível encontrar uma explicação mais detalhada sobre a variabilidade genética e as possibilidades de adaptação das espécies às contínuas transformações do meio ambiente. A diferenciação genética em populações com distribuição contínua é derivada de duas causas: respostas adaptativas a condições ambientais distintas, ao longo de uma distribuição com condições heterogêneas e diferenciação genética "randômica", como resultado da deriva genética em partes largamente separadas de uma população sujeita a uma seleção uniforme. Aparentemente, com a fragmentação, a estrutura das respostas adaptativas, mencionadas no primeiro item, sofre modificações e a ruptura nos padrões de fluxo gênico pode conduzir a mudanças genéticas significativas nas populações dos fragmentos (Holsinger, 1993).

Quadro 10

A diversidade genética, Alice e a Rainha de Copas

Quando Alice, perdida no País das Maravilhas, encontra a Rainha de Copas e deseja lhe fazer algumas perguntas, percebe que, para se manter ao seu lado, teria que correr continuamente, mas por mais que corresse, permanecia no mesmo lugar e essa era a única maneira possível de conversar com a rainha. A diversidade genética possui um papel semelhante, é ela que permite aos seres vivos continuarem correndo para permanecerem no mesmo lugar e sobreviverem. Isto é, como o ambiente em que vivemos é dinâmico, os seres vivos precisam mudar constantemente para permanecerem adaptados às condições do meio e, assim, sobreviverem.

Imaginemos, por exemplo, uma espécie de planta adaptada a um certo regime de chuva e a um determinado intervalo de temperatura. Devido a diversos fatores, de repente as condições mudam, a temperatura sobe e as chuvas escasseiam, provocando secas mais prolongadas. Nossa espécie hipotética sofrerá bastante e, certamente, alguns indivíduos menos resistentes morrerão. Não obstante, graças à variabilidade genética entre os seus indivíduos, há alguns mais resistentes e que são capazes de sobreviver nessas novas condições ambientais. Estes se reproduzirão e gerarão novas plantas, adaptadas às novas condições, permitindo que a espécie sobreviva nesse local. A mesma lógica funciona para a resistência às doenças. Muitos perecem, mas os que resistem geram descendentes resistentes, transformando a interação da espécie com a enfermidade.

A máquina que gera essa diversidade é a reprodução sexuada, que faz com que os descendentes sejam diferentes dos pais e que possuam, portanto, chances diferentes de sobrevivência.

Assim, uma preocupação imediata de conservação deve ser com as conseqüências genéticas da redução do tamanho efetivo das populações locais e da taxa de fluxo gênico que podem influenciar tanto a viabilidade ecológica a longo prazo das espécies em questão, quanto seu potencial evolutivo.

Outra questão importante para a compreensão da fragmentação e seus efeitos é que, muitas vezes, as áreas remanescentes de um hábitat podem não caracterizar isoladamente o ambiente original. Essa situação é agravada pela transformação da proporção entre hábitats de borda, isto é, nos limites do fragmento, e hábitats de interior. Os fragmentos se tornam, pois, mais vulneráveis às influências abióticas, como vento, luz, temperatura e umidade. Um estudo realizado nos fragmentos de florestas tropicais em Queensland, no Nordeste da Austrália, com comunidades de pequenos mamíferos, mostrou como os fatores abióticos podem transformar o ambiente e, por conseguinte, afetar a diversidade biológica. Nesse caso, a combinação de bordas abruptas de floresta com uma paisagem nua circundante, que favorece o efeito do vento, conduziu a uma mudança da estrutura e da composição da floresta, afetando seriamente as comunidades de pequenos mamíferos. Os predadores dependentes da floresta desapareceram; foram substituídos pelos predadores menores generalistas, revelando que as interações competitivas entre espécies ecologicamente similares podem representar um caminho para a extinção nos fragmentos, dada a limitação de recursos do hábitat (Laurance, 1994).

Apesar de controvertido, muitos autores têm feito uso da teoria de biogeografia de ilhas para predizer o número e a percentagem de espécies que desapareceriam, se seus hábitats forem destruídos. Presume-se, estendendo este modelo para as unidades de conservação, que uma área protegida, cercada por hábitats impactados, funcionaria como uma ilha de hábitat adequado num mar de hábitats inadequados. Há previsões de que, quando 50% de um fragmento é destruído, aproximadamente 10% das espécies ali presentes desaparecem. Quando 90% do fragmento é destruído, o desaparecimento de espécies chega a 50% e, quando a destruição é de 99%, 75% das espécies originais se perdem (Primack, 1993). Entretanto, dado que os experimentos de validação dessa teoria não produziram os resultados esperados, ainda há muita controvérsia sobre sua utilização.

Ainda assim, as evidências acumuladas mostram que fragmentos pequenos sustentam um número menor de espécies do que as áreas maiores com o mesmo tipo de vegetação e, para muitos grupos de seres vivos, como aves, mamíferos, anfíbios, répteis e invertebrados, foi possível demonstrar a existência de uma relação altamente significativa entre número de espécies presentes no fragmento e sua área. O efeito do isolamento e a conseqüente perda de espécies em um fragmento pequeno são bem ilustrados pelo exemplo da Estação de Campo Rio Palenque, no Equador. Durante a década de 1970, essa estação – 87 hectares de floresta tropical úmida – foi ficando isolada, com as conversões das florestas circundantes em áreas para outros usos. Das 170 espécies de aves ali presentes, 44 espécies (26%) desapareceram entre 1973 e 1978 e outras 15 espécies possuíam tão poucos indivíduos em 1978, que estavam no limiar do desaparecimento (Leck, 1979).

Os dados provenientes do projeto sobre a dinâmica biológica de fragmentos florestais, desenvolvidos desde 1979 no estado do Amazonas, também indicam que a taxa e a extensão do colapso da fauna é maior nas reservas pequenas do que nas grandes. Aparentemente, as comunidades de aves são as mais afetadas. Os experimentos também mostraram que extensões de 80 metros de distância entre os fragmentos e a área fonte são barreiras poderosas para alguns insetos e mamíferos e alguns grupos de aves (Bierregaard et al., 1992).

Esses resultados remetem a outra possível conseqüência da fragmentação, a formação de um conjunto de manchas que sustentam populações de forma relativamente instável, sujeitas à extinção, porém com capacidade de exportar dispersores aptos a colonizar manchas de hábitats desocupadas. Tal conjunto de populações, chamado de metapopulação, sobreviveria por um período maior do que o tempo de vida de uma população. As metapopulações apresentam conseqüências genéticas importantes, uma vez que cada população local está separada apenas por poucas gerações da população que lhe deu origem e que a população fundadora parece ser consideravelmente menor que aquela com ideal capacidade de suporte. Em alguns casos extremos, determinadas populações só persistiriam por causa da imigração de uma área *core,* que alimentaria continuamente as diversas manchas de indivíduos capazes de colonizá-las. A destruição dessa fonte ocasiona a extinção certa dessas populações, pois sua manutenção torna-se inviável.

Um exemplo, proveniente da Mata Atlântica nordestina, agrega complexidade à questão do tamanho dos fragmentos e da manutenção das espécies. Em um estudo dos remanescentes de Mata Atlântica no Nordeste brasileiro, estimou-se que 33,9% das espécies de árvores se extinguirão, em escala regional, brevemente. Isso se deve ao desaparecimento dos dispersores de sementes dessas espécies, aves que se alimentam de frutos. Esse desaparecimento se deve, majoritariamente, a duas situações: fragmentos de Mata Atlântica que não possuem condições de sustentar essa avifauna e a distância entre os fragmentos, que não permite o deslocamento dessas aves entre eles. Conseqüentemente, os autores do estudo recomendam um novo paradigma de conservação para a Mata Atlântica, enfatizando que a criação de reservas isoladas, mesmo grandes, não será suficiente para a proteção da biodiversidade desse bioma (Silva e Tabarelli, 2000).

Para a proteção efetiva de longo prazo da biodiversidade, juntam-se a essas recomendações, outras como a necessidade de preservação de vários hábitats dispersos na paisagem. Há indícios de que alguns conjuntos de fragmentos de hábitats naturais, como ilhas e topos de montanhas, detêm uma amostra maior da biota regional do que áreas contínuas com o mesmo tamanho. Assim, as grandes reservas não conseguem proteger toda a biota de uma área. Por outro lado, argumenta-se, como visto acima, que reservas pequenas possuem maior risco de extinção. Não resta dúvida que muitas espécies necessitam de grande áreas contínuas para se manterem e eventualmente colonizarem outros fragmentos. Assim, para a constituição de um sistema efetivo de áreas protegidas, há necessidade das grandes reservas, mas também de outras pequenas áreas, essenciais para a manutenção de espécies que não estão presentes na grande reserva, mas são parte integrante da biota regional (Quinn e Karr, 1993).

Outra recomendação deriva da idéia de que populações, comunidades e processos ecológicos são mantidos com mais eficiência em paisagens que compreendem sistemas de hábitats interconectados do que naquelas onde os hábitats naturais ocorrem como fragmentos isolados dispersos. O desafio é encontrar padrões de distribuição de hábitats na paisagem que assegurem conexões para as espécies, comunidades e processos ecológicos, ou seja, que garantam conectividade. Esse conceito descreve como um arranjo espacial e a qualidade dos elementos da paisagem afetam o movimento dos organismos entre os diferentes hábitats. É fundamental levar em conta que a paisagem é percebida de forma diversa por espécies diferentes e assim o grau de conectividade, de uma mesma paisagem, varia entre espécies e comunidades.

As estratégias de conservação que têm como objetivo aumentar a conectividade devem considerar as espécies que serão seu alvo, sob pena de não serem efetivas. Para tanto, devem levar em conta os fatores que influenciam o potencial de conectividade de uma espécie ou comunidade. Há componentes estruturais e comportamentais. O estrutural é determinado pelo arranjo espacial dos hábitats na paisagem e é influenciado por fatores tais como a manutenção de hábitats adequados, a distância entre hábitats adequados e a existência de caminhos alternativos. As estruturas mais comumente consideradas podem ser sumarizadas em três categorias (Bennett, 1999):

- corredores de hábitat – faixa de vegetação que fornece um caminho contínuo, ou quase, entre dois hábitats. O termo não traz implícita a eficácia – ou ineficácia – da conectvidade para os animais;
- trampolins (*stepping stones)* – manchas separadas de hábitats presentes no espaço entre fragmentos isolados, que fornecem recursos e refúgio auxiliando os animais a se movimentarem na paisagem;
- mosaico de paisagens – padrão de paisagem compreendendo vários fragmentos de hábitats de diferentes qualidades para uma espécie animal.

O componente comportamental, por sua vez, está relacionado com a resposta do indivíduo, e da espécie, à estrutura física da paisagem e é afetado, entre outros fatores, pela escala que a espécie percebe e se move no ambiente, suas necessidades em termos de hábitats, sua tolerância a ambientes alterados, seu estágio de vida e suas respostas aos predadores e competidores.

Assim, no manejo da diversidade biológica e na construção de um sistema eficiente de áreas protegidas é fundamental a identificação dos objetivos biológicos de uma determinada conexão entre hábitats. Esses objetivos incluem: auxiliar o movimento migratório de animais ao longo das paisagens; facilitar o trânsito de determinados animais entre fragmentos ou populações que poderiam, sem isso, estar isoladas; promover a continuidade do fluxo gênico entre populações de duas áreas, estabelecendo e sustentando uma população residente na interligação entre as áreas; e fornecer oportunidades para populações se recuperarem de catástrofes e mudanças naturais.

O papel dos distúrbios na conservação da biodiversidade

A maioria dos ecologistas da primeira metade do século XX acreditava que os ecossistemas progrediam constante, contínua e previsivelmente por meio de caminhos sucessionais bem definidos, até atingirem um estágio de equilíbrio, o "clímax", que eram as condições normais para tal comunidade naquela região geográfica. Apenas no começo da década de 1970, começou-se a se considerar significativamente a importância dos distúrbios naturais. Muitos autores, pesquisando diferentes ecossistemas, clamavam que os distúrbios naturais eram tão freqüentes que impediam o ecossistema de atingir o estágio de equilíbrio e, assim, seria pouco realístico pressupor que o clímax fosse o estágio "normal" daqueles ecossistemas (Sprugel, 1991).

Muitos distúrbios afetam os ecossistemas continuamente e são responsáveis por seu atual estado. Da idéia de que uma perturbação extremamente grande poderia causar extinções locais, enquanto um distúrbio muito suave não teria conseqüências, emergiu a hipótese do distúrbio intermediário, ou seja, a idéia de que distúrbios nem muito grandes, nem demasiadamente pequenos, poderiam retardar o ritmo da competição, logrando evitar a exclusão competitiva. O estudo desses distúrbios cresceu e, atualmente, seu papel no adiamento da exclusão competitiva parece bem aceito (Vandermeer et al., 1996).

Das savanas do Serengueti, na África, vem um interessante exemplo sobre como os distúrbios podem ser fundamentais na manutenção da diversidade. Para verificar a hipótese de que os elefantes estavam prejudicando a vegetação, composta de uma diversidade de gramíneas, pesquisadores isolaram dos elefantes, por meio de cercas, uma área. Alguns anos depois, analisaram a composição da vegetação da área cercada e constataram que, ao invés das diversas espécies que existiam antes e que continuavam a existir fora da área, apenas uma espécie dominava a área. As outras haviam sido excluídas. Era o elefante e o distúrbio que ele causava – se alimentando e pisoteando aquelas plantas – que permitia que todas elas coexistissem, evitando que uma espécie dominasse a área.

Nas florestas tropicais, um importante distúrbio é a queda de árvores. Na floresta amazônica, as aberturas no dossel derivadas dessas quedas ocupam aproximadamente entre 4% e 6% da área. Nessas aberturas de luz, encontram-se plântulas e um estrato arbóreo mais baixo e, com o tempo, a abertura propicia o surgimento de árvores maiores. Tais aberturas podem ser detectadas na floresta, de forma a testemunhar os distúrbios do passado e a dinâmica desses ecossistemas (Uhl, 1988). Outros ecossistemas, como a floresta decídua do Leste norte-americano, também apresentam dinâmica semelhante: o tipo predominante de perturbação natural é a queda de árvores devida ao vento.

No capítulo anterior, foi mencionado um outro distúrbio que contribui para moldar muitas paisagens: o fogo. Mesmo na Amazônia, o fogo parece ter sido um distúrbio freqüente no passado. E é mais fácil encontrar sítios com carvão, na Amazônia oriental e central, do que locais sem carvão. A datação desse carvão indica a ocorrência de inúmeros incêndios nos últimos 6 mil anos e coincide com supostos episódios de seca na história recente da região (Uhl, 1988). Supõe-se, atualmente, que os organismos não se adaptam ao fogo num sentido abstrato, mas sim, a um regime de fogo. Assim, quando o ambiente se transforma, pelo menos parcialmente, por meio de um novo regime de fogo, a recuperação de um hábitat torna-se difícil, até impossível. Por conseguinte, pode haver perda de biodiversidade tanto por exclusão do fogo, quanto por excesso dele. Fundamental não é apenas a presença do fogo, mas a existência de um regime de fogo, com freqüência e características definidas (Pyne, 1993).

Outra perturbação que faz parte dos sistemas é a invasão de espécies, que ocorre inclusive sem a assistência humana. Muitas derivam das mudanças climáticas que, por sua vez, ocorrem em todas as escalas de tempo ecológicas e evolucionárias. O resultado é o permanente desequilíbrio das comunidades ecológicas. Ou seja, nem todas as invasões são negativas, pois as espécies aparecem e desaparecem das comunidades normalmente. Porém, esse fenômeno, evidentemente, aumenta com a assistência humana.

Estudos sugerem que as espécies invasoras podem alterar ecossistemas quando (Vitousek, 1990):

- diferem substancialmente das nativas na aquisição e utilização dos recursos. Nesse caso, uma espécie pode ser mais eficiente que outra por meio de diferenças de forma de vida. Por exemplo, plantas perenes mantêm estoques internos de energia e nutrientes que podem ser utilizados na estação seguinte de crescimento, enquanto as anuais só possuem o estoque da semente e a possibilidade de fotossíntese e de aquisição de nutrientes. A adição de uma espécie perene num sistema dominado por plantas anuais pode alterar as propriedades do ecossistema;
- alteram a estrutura trófica da área invadida. Demonstrou-se, por exemplo, que a intervenção nos níveis mais altos da pirâmide trófica pode produzir efeitos desproporcionais à quantidade de energia e/ou de nutrientes envolvidos. As invasões animais em ilhas oceânicas mostraram-se particularmente desastrosas, uma vez que, em geral, nessas ilhas não havia nenhum herbívoro generalista grande, antes dos assentamentos humanos. Mesmo em menor freqüência e, por vezes, com menor impacto, as funestas conseqüências dessas invasões também são verificadas nos continentes;
- alteram a freqüência e/ou a intensidade dos distúrbios. Nesse caso, a alteração do regime dos distúrbios numa área invadida pode ter conseqüências significativas para o ecossistema, pois os distúrbios regulam as propriedades das populações e dos ecossistemas na maioria destes. Invasões de animais alteram o regime de distúrbios, uma vez que os animais são agentes promotores de perturbação.

Em ilhas oceânicas, onde as plantas não possuem mecanismos de proteção contra a herbivoria, o impacto pode ser significativo. Além disso, alguns animais têm hábitos alimentares particularmente destrutivos, como os porcos que, com sua atividade de focinhar, são responsáveis por efeitos impressionantes nos solos e na ciclagem de nutrientes. As invasões biológicas podem também alterar os ecossistemas por meio de sua influência no regime de fogo. Gramíneas exóticas invadiram muitas áreas semi-áridas com arbustos ou árvores, produzindo, na maioria das vezes, muito mais serrapilheira que as nativas. Essa serrapilheira pode fazer com que a probabilidade, a extensão e a severidade dos incêndios cresçam. Ademais, muitas dessas gramíneas estão adaptadas à produção de sementes logo depois do fogo, enquanto as nativas não; assim, após cada fogo a dominância dessas espécies exóticas aumenta e a probabilidade de um novo incêndio cresce.

Há dois tipos de possíveis conseqüências na desconsideração do papel dos distúrbios sobre os ecossistemas e a diversidade biológica. O primeiro deles é o não reconhecimento de alguns distúrbios como parte dos processos mantenedores da biodiversidade, provocando, pela alteração do regime de distúrbios, o comprometimento da diversidade a ser mantida. O exemplo mais evidente dessa situação é a contínua supressão de incêndios em paisagens nas quais o fogo faz parte dos ecossistemas. O segundo tipo de conseqüência é não reconhecer que a maneira com que alguns ecossistemas se apresentam em um determinado momento é fruto de distúrbio, por vezes único, que conduziu a paisagem àquela situação.

Além do fogo, outros exemplos do papel do regime de distúrbios na manutenção da biodiversidade podem ser citados, como os furacões que atingem a Nicarágua periodicamente, desempenhando papel fundamental na manutenção da diversidade biológica, principalmente ao retardar a exclusão de espécies devido ao acirramento da competição. Ou ainda, a importância das inundações no Parque Nacional Waza, no norte de Camarões. Essa área protegida abrange cerca de 150 mil hectares das planícies inundadas do rio Logone e contém populações de elefantes, girafas e leões, além de uma variada avifauna. As inundações sazonais das planícies estão profundamente ligadas à ecologia do parque. Entretanto, tais planícies vêm se transformando rapidamente, em função do crescente contingente humano, do aumento do gado e da criação de projetos de rizicultura em larga escala. Muitas conseqüências ambientais têm sido verificadas por causa da redução da profundidade das inundações, como a redução das populações de peixes, a morte da vegetação herbácea e o declínio da fauna silvestre (Tchamba et al., 1995).

Como exemplo do segundo tipo mencionado, a não percepção de uma paisagem como conseqüência de uma perturbação específica, já foi citado o emblemático caso das acácias nas savanas africanas. Outro caso interessante é o dos grandes bosques de Minnesota, uma combinação de ácer, olmo e tília. Tantos os franceses, quanto os americanos que chegavam ao sudeste de Minnesota ficavam impressionados com a grandeza das florestas. Apesar de cobrir milhares de quilômetros quadrados e do seu tamanho impressionar, os grandes bosques não eram uma formação vegetal antiga e bem estabelecida. Um ecologista, R. P. Daubenmire, que desenvolveu sua tese de doutorado nos fragmentos destas florestas, nos anos 1930, demonstrou, por meio de análise de pólen, que os grandes bosques se estabeleceram há apenas 300 anos. Antes de 1650, a área era coberta por um bosque de carvalhos, onde o fogo freqüente aparentemente restringia, aos locais excepcionalmente úmidos, a presença do olmo (*Ulmus americana*), do ácer (*Acer saccharum*), da tília (*Tilia americana*) e de outras espécies intolerantes ao fogo. No século XVII, o clima da região se tornou mais úmido e a freqüência do fogo diminuiu; tais mudanças propiciaram a invasão da área por essas espécies intolerantes ao fogo. Uma vez estabelecidas, as florestas são pouco suscetíveis ao fogo e, aparentemente, foram capazes de se manter mesmo com o reaquecimento do clima. No entanto, é impossível saber quanto tempo durariam, mesmo se não houvesse a influência humana, que converteu os grandes bosques, quase que completamente, em fazendas e outras instalações (Sprugel, 1991).

Três modelos e uma conclusão

As informações das seções anteriores alimentam três dos modelos mais populares no manejo e na conservação da biodiversidade (Hoopes e Harrison, 1998):

- metapopulações – o termo metapopulações – população de populações – foi cunhado por Levins, em 1970, para designar uma rede de subpopulações propensas à extinção, ocupando um mosaico de manchas de hábitat. As subpopulações habitam manchas idênticas e estão sujeitas a probabilidades iguais e independentes de extinção e recolonização. Nesse modelo, o equilíbrio da metapopulação depende das taxas de extinção e colonização; a chave da persistência é dispersão suficiente. Algumas previsões podem ser feitas a partir desse modelo, passíveis de serem estendidas a modelos mais complexos de metapopulações. Para uma dada taxa de extinção, a colonização deve superar um certo limite crítico para que a metapopulação persista. De forma equivalente, para uma determinada taxa de colonização, a extinção deve estar abaixo de um limite crítico para garantir a sobrevivência da metapopulação. Assim, à medida que o ambiente se torna mais fragmentado e a taxa de colonização decresce e a de extinções aumenta, a metapopulação pode se extinguir rapidamente. Por outro lado, aumentar a presença de meios de dispersão, como corredores entre as manchas, pode fazer com que a metapopulação persista. Esse modelo possui alguns pressupostos pouco realistas, como o de que as manchas são infinitas em número e iguais em tamanho, qualidade de hábitat, possibilidade de extinção e de recolonização, que a possibilidade de dispersão de uma mancha a outra é sempre igual e que as manchas estão ou vazias ou no máximo de sua capacidade de carga. Em geral, as tentativas de tornar esse modelo mais realista têm sido feitas usando simulações estocásticas e modelos espacialmente explícitos de populações, que permitem incorporar a distância entre as manchas e as distâncias de dispersão dos organismos. Apesar da popularidade do modelo de metapopulações como ferramenta de manejo, há muitos clamores por cautela, uma vez que há dúvidas sobre até que ponto o tipo de dinâmica por ele descrita se aplica às espécies em ambientes fragmentados;

- dinâmica fonte-dreno – os modelos de fontes e drenos analisam a dinâmica das populações em manchas de hábitats de diferentes qualidades, ou seja, são uma reelaboração do modelo das metapopulações. As manchas, nesse caso, diferem em sua capacidade de sustentar as populações. Esse modelo, formulado por Pulliam, em 1988, prevê subpopulações em dois tipos de hábitat: as "fontes", com um crescimento populacional positivo, e os "drenos", com crescimento negativo da população. A diferença entre os dois hábitats é de qualidade e não de tamanho, assim as populações das fontes crescem até um limite, onde se dispersam para os drenos, sem o que as populações dos drenos se extinguiriam. A existência dos drenos aumenta o número absoluto de indivíduos da população e a possibilidade de persistência da população nessa dinâmica fonte-dreno. Uma das mais importantes modificações desse modelo é o pressuposto de que nem sempre os indivíduos que se dispersam procuram o melhor hábitat com base em sua qualidade, ou na quantidade de indivíduos já existentes ali. A dinâmica fonte-dreno tem sido usada freqüentemente para avaliar os efeitos da perda de hábitats ou diminuição da persistência das espécies. Entretanto, distinguir entre fontes e drenos, no campo, tem sido uma limitação constante desse modelo e por isso a real adequação desse modelo à natureza ainda é uma incógnita;

- dinâmica dos distúrbios – trata da relação entre a diversidade de espécies e um regime de distúrbio, entendido como sua escala, freqüência e intensidade. Um dos mais aceitos princípios na ecologia é a "hipótese da perturbação intermediária", desenvolvido por Connell, em 1978. Essa hipótese prevê que níveis muito baixos de perturbação conduzem à baixa diversidade por causa da exclusão competitiva, enquanto muita perturbação elimina as espécies incapazes de rápida recolonização dos ambientes, reduzindo a diversidade. Assim, o mais alto grau de diversidade seria obtido com um nível intermediário de perturbação. Essa hipótese está na base de várias práticas de manejo, onde se procura manter ou reproduzir os regimes de distúrbios característicos. Um aspecto importante, entretanto, é que o manejo, em geral, visa beneficiar várias espécies. Assim, as espécies podem responder de maneiras muito distintas ao regime escolhido. Além disso, é crucial reconhecer que esse conceito funciona dentro de certos limites e que pode causar certos danos, privilegiando, por exemplo, espécies invasoras em detrimento das nativas.

Muita cautela é necessária na aplicação dos modelos ecológicos nas práticas de conservação, pois, além de não estarem suficientemente comprovados, não podem ser transformados em regra geral, dada a infinidade de situações distintas e a diversidade biológica existente. Esses modelos podem e devem ser utilizados como bases para traçar hipóteses a serem testadas e, por vezes, têm aplicação em situações reais específicas. A dificuldade é que testar hipóteses experimentalmente, de forma adequada, é um agravante. Assim, os gestores da conservação da biodiversidade sempre têm que tomar decisões na ausência de informações suficientes e a única forma possível de salvaguarda é lembrar que redução, fragmentação ou degradação dos hábitats devem ser encaradas com extrema cautela, uma vez que pequenas mudanças podem trazer grandes conseqüências.

O impacto humano nos processos mantenedores de biodiversidade

O maior impacto que a humanidade causa sobre o ambiente e, conseqüentemente, sobre a biodiversidade, deriva-se da agricultura. A prática de cultivar plantas ou criar animais para a alimentação, que substituiu o sistema de coleta e caça, teria surgido em diferentes partes do mundo, a partir de 12.000 a.C. Acredita-se que a agricultura desenvolveu-se por meio da extensão e da intensificação de práticas longamente adotadas. A irrigação, uma das peças fundamentais no desenvolvimento da agricultura, teria surgido há 5mil anos. A remoção deliberada de florestas, por intermédio do fogo ou do corte, é também uma das mais duradouras e significantes formas pelas quais a humanidade modifica o ambiente. Análises de pólen mostraram que as florestas temperadas começaram a ser removidas no Mesolítico e no Neolítico e depois, sempre, em taxas crescentes. Desde antes do advento da agricultura, as florestas diminuíram 1/5, sendo as temperadas as mais atingidas, seguidas pelas savanas arbóreas e pelas florestas decíduas e, por fim, as florestas tropicais que permaneceram inacessíveis ou esparsamente povoadas por muito de sua história (Goudie, 2000).

Esse impacto nos remete ao mito da natureza intocada, pois tão vasta tem sido a influência do homem sobre o meio ambiente que restaram poucos – ou nenhum – ambientes ainda não modificados por ele. Não há dúvidas de que a humanidade transforma as paisagens. No entanto, por muito tempo, pequenas populações humanas, realizando atividade de baixo impacto, funcionavam como produtoras de um regime de distúrbios que condicionava a existência de determinadas paisagens, bem como a manutenção da biodiversidade. Era um papel análogo ao que representam as populações de animais de outras espécies, como os elefantes no Serengueti. À medida que as populações cresceram e as tecnologias se desenvolveram, o impacto direto da humanidade sobre os ambientes naturais e sua influência na destruição da biodiversidade do planeta foram aumentando continuamente.

Além do impacto direto, derivado da conversão de ambientes naturais em áreas com outras destinações, há impactos indiretos como os resultantes das introduções de organismos. Há casos de introduções deliberadas bem-sucedidas, como o pêssego na Nova Zelândia e a laranja no Paraguai, enquanto outras tiveram resultados desastrosos, como a introdução de coelhos e lebres em Laysan, um atol no Havaí, em 1903. Ela fez com que o número de espécies de plantas nativas da ilha, 25 na ocasião da introdução, caísse para quatro, em 1923. A partir dessa data, mesmo com a total eliminação desses animais, a recuperação foi lenta e a ilha, em 1961, apresentava apenas 16 espécies de plantas. Outros organismos são introduzidos acidentalmente. Essa dispersão fortuita de organismos pode ter graves conseqüências ecológicas, expandindo o campo de atuação de patógenos ou pela competição de forma demasiadamente exitosa com as espécies locais. Um exemplo é a expansão do fungo *Cryphonectria parasitica*, causador de uma doença na castanheira norte-americana, *Castanea dentata*. Introduzido nos Estados Unidos, acidentalmente, por meio de material ornamental vindo da Ásia no fim do século passado, causou a eliminação quase total dessa planta em sua distribuição geográfica natural, em menos de 50 anos. O sucesso das plantas introduzidas é bem ilustrado pelo caso dos pampas argentinos, onde estima-se que, dado o êxito alcançado pelas espécies provenientes da Europa, apenas 1/10 das plantas que crescem ali naturalmente são nativas da região (Goudie, 2000).

Outro impacto significativo das atividades humanas é a perda de variabilidade genética relacionada com a crescente uniformidade das plantas agriculturáveis. Variedades de alta produtividade, derivadas de modernos programas de cruzamentos, começaram a substituir as variedades locais que se desenvolveram durante milênios, mesmo nas áreas ricas em diversidade genética dessas plantas, causando um sério declínio da variabilidade genética.

A poluição proveniente da agricultura e das atividades industriais também causa grande impacto e os exemplos são múltiplos: o controle químico de roedores tentado em Israel, com o intuito de aumentar a produtividade agrícola, acabou por matar as aves que predavam os roedores; os efeitos do óleo sobre os organismos marinhos e costeiros, tanto na baía de Guanabara, como no Alasca; a diminuição de liquens na Europa, em função do dióxido de enxofre e de outros agentes poluidores; a redução da população de pinheiros no Canadá, causada por gases danosos provenientes das atividades minerárias; as ameaças aos recifes de corais resultantes da poluição; e a morte de veados e coelhos selvagens causada por emissões de arsênico proveniente de fundições de prata na Alemanha.

O impacto dessas atividades se reflete nos números da destruição da biodiversidade. Alguns exemplos dão essa dimensão (Wilson, 1992; Dean, 1995; Myers et al., 2000):

- ilha de Madagascar – especialmente rica em biodiversidade, abarca 30 espécies de lêmures, um gênero endêmico de primata; 90% dos répteis e anfíbios são endêmicos, incluindo 65% de todos os camaleões do mundo e 10 mil espécies de plantas, das quais 80% endêmicas, entre as quais mais de mil tipos de orquídeas. Da floresta encontrada pelos primeiros humanos, há 15 séculos atrás, restavam, em 1985, cerca de 30% e, hoje, restam apenas 9,9%;
- Mata Atlântica brasileira – bioma com altíssimo número de espécies presentes nas listas de espécies em extinção desde o advento das listas. Na primeira lista de pássaros ameaçados de extinção, em 1973, havia 10 espécies; em 1989, esse número já era 37 e duas dessas espécies de pássaros provavelmente já estavam extintas. Na lista de 1989, havia inclusive oito espécies que sequer eram conhecidas antes de 1965. Da cobertura florestal original de um milhão de quilômetros quadrados na costa do Brasil, não restam mais do que 7,5%;

- os casos dos pássaros terrestres moa da Nova Zelândia e o pássaro dodo, cujo último exemplar desapareceu há 300 anos nas Ilhas Mauricio, são exemplos de espécies de aves que foram extintas nas últimas centenas de anos;
- entre as décadas de 1940 e 1980, a densidade populacional das aves canoras migratórias da região do meio-atlântico dos Estados Unidos caiu 50% e muitas espécies desapareceram da região. A causa parece ser o desmatamento no México e na América Central e América do Sul, regiões que serviam de destino para essas aves no inverno;
- aproximadamente 20% das espécies de peixes de água doce do mundo estão extintas ou ameaçadas. Acredita-se que isso se deve à pesca excessiva e à competição com outras espécies artificialmente introduzidas;
- o caso dos peixes ciclídeos no lago Vitória, considerado por muitos como o mais catastrófico, em matéria de extinção da história recente. De uma única espécie ancestral que habitava o lago, surgiram mais de 300 outras espécies. Em 1959, colonos britânicos introduziram a perca do Nilo no lago, para a pesca esportiva. Esse peixe, que chega a ter dois metros de comprimento, reduziu drasticamente a população de peixes nativos e extinguiu algumas espécies. Calcula-se que a perca acabe eliminando metade das espécies endêmicas, aquelas que existem apenas ali no lago Vitória.

O pior é que tanto a população humana, quanto o seu consumo continuam crescendo e as atividades degradadoras também. A tabela 3 dá uma dimensão do crescente impacto da humanidade.

Tabela 3
Aumento do impacto humano

Indicador mundial	1950	1995
Produção de soja em milhões de toneladas	17	125
Produção de carne em milhões de toneladas	44	192
Pesca em milhões de toneladas de peixes	21	109
Terras irrigadas em milhões de hectares	94	248
Uso de fertilizantes em milhões de toneladas	14	122
Produção de petróleo em milhões de toneladas	518	3.031
Produção de carros em milhões de unidades	3	36
Produção de bicicletas em milhões de unidades	11	114
População humana em milhões	2.555	5.732

Fonte: Adaptada de Goudie, 2000.

O crescimento das necessidades humanas resulta, também, em um maior impacto sobre os recursos hídricos. A demanda por água doce triplicou na última metade do século XX, sendo equivalente hoje a 4.370 quilômetros cúbicos por ano, quase duas vezes a quantidade de água que o rio Amazonas joga no oceano Atlântico a cada ano. Paralelamente, tornam-se cada vez mais comuns as mudanças de regime e de curso dos rios derivadas de barragens e canais. Tais transformações alteram os níveis das águas subterrâneas, colaboram para a salinização dos solos, impedem a migração dos peixes e reduzem a quantidade de sedimentos carreados pelo rio. Um triste exemplo disso é o rio São Francisco. Esse imenso rio, com 2.700 quilômetros de sua nascente em Minas Gerais até sua foz na divisa entre os estados de Sergipe e Alagoas, com seus sucessivos barramentos, que garantem 95% da energia elétrica da região Nordeste, vem perdendo vazão. A situação é agravada pelo constante desmatamento de suas margens para plantio de soja ou para produção de lenha. Segundo a Companhia Hidrelétrica do São Francisco, a vazão do rio diminuiu mais de 50% nos últimos anos. As conseqüências já podem ser vistas em locais como Bom Jesus da Lapa, em Minas Gerais, onde é possível, em determinadas épocas do ano, atravessar o rio a pé; Pirapora, antigo ponto de partida da tradicional hidrovia do São Francisco, desativada pela seca e pelo assoreamento, resultado do desmatamento de suas margens; Penedo, em Alagoas, onde os pescadores já encontram peixes marinhos, devido à diminuição da vazão do rio e, por fim, Cabeço, no Sergipe, onde a sede do vilarejo foi invadida pelo mar, pois o "Velho Chico" já não tem mais forças para resistir.

Com as projeções de aumento do consumo humano de água para cerca de 6 mil quilômetros cúbicos anuais, no começo desse novo século, planeja-se, em todo o mundo, transferência de água de rios e lagos entre bacias hidrográficas. Apesar da necessidade de suprir o consumo, não é possível esquecer o imenso impacto sobre a diversidade biológica derivada dessa manipulação dos recursos hídricos, nem o enorme desperdício de água no mundo: estima-se que algo em torno de 65% e 70% da água usada no mundo é perdida em evaporação, vazamentos e outros procedimentos ineficientes. Acredita-se, por exemplo, que é possível diminuir esse desperdício para um total de 15%.[18]

As atividades humanas causam a ruptura de vários dos chamados serviços ecológicos, sendo necessário, em muitos casos, substituí-los. Em 1997, um grupo

[18] Dados do World Resources Institute (<www.wri.org>).

de pesquisadores (Constanza et al., 1997) estimou em US$33 trilhões anuais o valor dos serviços proporcionados pelos ecossistemas, calculando o quanto custaria substituir tais serviços, se possível fosse. O estudo foi realizado em 16 ambientes diferentes e, para cada um, foram considerados os seguintes serviços: regulação da composição química da atmosfera; regulação do clima; controle de erosão do solo e retenção de sedimentos; produção de alimentos; suprimento de matéria-prima; absorção e reciclagem de materiais já utilizados; regulação do fluxo de água; suprimento e armazenagem de água; recuperação de distúrbios naturais, tais como tempestades e secas; formação dos solos; ciclagem de nutrientes; polinização; controle biológico de populações; refúgio de populações migratórias e estáveis; utilização de recursos genéticos; lazer e cultura. As florestas e as áreas úmidas, como o Pantanal mato-grossense, responderam por US$9,3 trilhões (28,1% dos US$33 trilhões) e os sistemas costeiros por US$10,6 trilhões (32,1% do total). O serviço mais caro é a ciclagem de nutrientes, que equivale a US$17 trilhões por ano. Outros serviços, como a regulação da composição atmosférica, a recuperação de distúrbios naturais, a regulação do fluxo de água, o suprimento de água, a reciclagem de materiais já utilizados, a produção de alimentos, custariam mais de US$1 trilhão cada, por ano, se precisassem ser substituídos.

No Brasil, foi realizado um estudo específico na Estação Ecológica de Jataí, uma área protegida que abrange cerca de 4.500 hectares no estado de São Paulo, com o intuito de calcular o valor dos serviços advindos dos ecossistemas protegidos pela estação ecológica (Santos et al., 1997). Foram analisados 16 serviços ambientais e concluiu-se que seu valor está em torno de US$730 por hectare por ano. Ou seja, o valor total dos serviços proporcionados pela estação equivale a US$3,3 milhões anuais.

Há, ainda, uma série de conseqüências das atividades humanas sobre o ambiente a ser considerada, como os impactos sobre os solos, a atmosfera e o clima. No caso dos solos, acumulam-se os processos de salinização, acidificação, remoção de nutrientes como conseqüência, erosão dos solos sem vegetação pelos ventos e pelas águas. Talvez, o maior impacto, cujas conseqüências ainda não estão totalmente claras, é o derivado do aquecimento global e das mudanças climáticas. Sua escala global, aliada à relutância de vários países em levar a sério seus possíveis efeitos, pode transformar completamente a biodiversidade do planeta e afetar significativamente a sobrevivência da espécie humana.

Como e por que manejar as áreas protegidas?

Por trás da pergunta do subtítulo existe uma outra pergunta: por que a natureza não pode "se virar sozinha"? Há duas respostas para essa questão. A primeira é que a natureza pode "se virar sozinha" se os ecossistemas forem suficientemente extensos e relativamente intactos e as forças externas não forem demasiadamente intrusivas (Meffe e Carroll, 1997). A outra é que a natureza pode "se virar sozinha", como se virou após as extinções em massa, por exemplo, recobrando a diversidade em alguns milhões de anos. A questão é se o homem sobreviverá ou não ao deixar a natureza lidar sozinha com o impacto causado por ele.

Assim, a maior das razões para justificar a necessidade de manejar os ecossistemas a serem conservados nas áreas protegidas é a dimensão do impacto humano e suas conseqüências para a nossa espécie. Por toda parte, as atividades humanas comprometeram a capacidade natural regenerativa e auto-sustentável de vários ecossistemas. Se desejamos mitigar os efeitos de fenômenos como conversão de áreas naturais, espécies invasoras, ampliação da atuação de patógenos, poluição química e industrial, o manejo é ferramenta fundamental.

No caso específico das áreas protegidas é possível enumerar razões diretas para seu manejo (Meffe e Carroll, 1997):

- as áreas protegidas são, em geral, menores que o suficiente para a sobrevivência de todas as espécies existentes na área; assim, o manejo é necessário para manter as populações em níveis viáveis;
- as áreas são pequenas demais para conterem o regime normal de distúrbios que condicionam os processos mantenedores de diversidade; assim o manejo é necessário para simular esses distúrbios;
- as áreas protegidas são muitas vezes tão fragmentadas ou isoladas que as migrações naturais são incapazes de contrabalançar as extinções locais; nessas condições, a translocação de indivíduos entre áreas pode ser necessária;
- as áreas protegidas são, em geral, cercadas por ambientes antropogênicos hostis que abrigam espécies invasoras e processos degradadores; o manejo pode reduzir os efeitos de tal situação;
- algumas áreas protegidas estão sob pressão para permitirem o uso de seus recursos naturais ou da terra para agricultura.

Não há base teórica específica para o manejo, não obstante este deve estar fundamentado sobre as teorias e estudos empíricos da biologia. Diante da dimensão do desafio, o enfoque do manejo deve ser criativo e eclético, mas alguns princípios podem ajudar:

- processos ecológicos críticos e a composição da biodiversidade devem ser mantidos;
- ameaças externas devem ser minimizadas e os benefícios externos maximizados;
- os processos evolucionários devem ser conservados;
- o manejo deve ser adaptativo e o mínimo possível intrusivo.

Há, atualmente, um intenso debate sobre qual deve ser o enfoque central do manejo para a conservação. Alguns conservacionistas (ver Grumbine, 1994; Meffe e Carroll, 1997) defendem que o manejo dos ecossistemas é o enfoque apropriado. Esse manejo é definido por Meffe e Carrol (1997) como um

> enfoque para manter ou restaurar a composição, estrutura e função dos ecossistemas naturais ou modificados visando à sustentabilidade a longo prazo. Tem como base uma visão das condições futuras desejadas que integra as perspectivas ecológicas, socioeconômicas e institucionais, aplicadas numa área definida geograficamente como as fronteiras naturais do ecossistema.

Um relatório sobre as bases científicas do manejo de ecossistemas elaborado para a Sociedade Ecológica da América (Christensen et al., 1996) enumera os seguintes elementos:

- sustentabilidade – a sustentabilidade intergeracional deve ser uma precondição para o manejo, isto é, ecossistemas não podem ser degradados e, ao mesmo tempo, ser responsáveis pela provisão de bens e serviços para as futuras gerações;
- objetivos – devem espelhar as trajetórias futuras desejadas e os comportamentos futuros desejados;
- ênfase nos processos ecológicos – o papel dos processos e as interconexões nos ecossistemas são componentes centrais;
- complexidade e interconectividade – reconhecidos como componentes inerentes de todos os ecossistemas, devem ser mantidos da forma mais extensa possível;
- reconhecimento do caráter dinâmico dos ecossistemas – trata-se de não manejar para manter uma determinada situação; deve-se esperar e permitir as transformações dos ecossistemas ao longo do tempo;
- contexto e escala – como os processos dos ecossistemas atuam em escalas amplas de tempo e de espaço, não há uma escala única adequada para o manejo;

- seres humanos como parte do ecossistema – os seres humanos devem ser engajados no manejo do ecossistema como participantes no processo de atingir a sustentabilidade;
- manejo adaptativo – objetivos e estratégias de manejo são hipóteses a serem testadas pela pesquisa e pelas práticas de manejo em si, e modificadas quando necessário.

Mais recentemente, a Convenção sobre Diversidade Biológica aprovou uma decisão, sobre a abordagem ecossistêmica. Outros conservacionistas (ver Simberloff, 1998) criticam esse enfoque e recomendam o uso de espécies-chave como o enfoque mais adequado de manejo. Algumas dessas críticas podem ser assim sumarizadas:

- ênfase nos processos ecológicos – acaba por causar situações onde processos são conservados, mas espécies são perdidas, como, por exemplo, a substituição de florestas primárias por secundárias de baixa diversidade ou a preservação do fluxo de energia e da ciclagem de nutrientes em ecossistemas com pouquíssimas espécies;
- escala espacial – como os ecossistemas não possuem fronteiras de fácil identificação e como é difícil avaliar quais são similares para efeitos de representatividade, é possível que uma área de relevância para a conservação fique de fora das estratégias de manejo, ou que ecossistemas cujo tipo já esteja bem representado entre as áreas protegidas sejam privilegiados nas estratégias de conservação;
- seres humanos como parte do ecossistema – esse componente do enfoque ecossistêmico apresenta problemas como limitar demasiadamente o papel das áreas protegidas de proteção integral na conservação da biodiversidade e encarar o uso dos recursos naturais pelos seres humanos como um processo natural e não como perigosos para a integridade dos ecossistemas;
- manejo adaptativo – as críticas questionam se a contínua transformação dos procedimentos e objetivos permitem efetivamente aumentar o entendimento do sistema e questionam a validade científica desse enfoque.

O conceito de espécies-chave sugere que, pelo menos em muitos ecossistemas, certas espécies têm mais impactos que outras, ou seja, as espécies-chave têm um impacto no ecossistema desproporcionalmente grande em relação à sua abundância. São espécies que, quando conservadas em seus ambientes naturais, resultam na manutenção de um número significativo de outras espécies de diversos grupos taxonômicos e no funcionamento de sistemas naturais (Dietz et al., 1994).

Dessa forma, o manejo das espécies-chave combinaria as vantagens do manejo de uma espécie com as do manejo de ecossistemas: se a espécie-chave afeta muitas outras espécies da comunidade, proteger sua reprodução e seu crescimento é uma forma de conservar as outras espécies que interagem com ela (Simberloff, 1998). O uso de espécies-chave como foco do manejo, por sua vez, tem recebido críticas também, pois além de sua identificação ser complexa, o papel por elas desempenhado é uma suposição de difícil constatação.

Quadro 11

Resumo da Decisão COP V/6 da Convenção sobre Diversidade Biológica quanto à abordagem ecossistêmica

Descrição da abordagem ecossistêmica

A abordagem ecossistêmica é uma estratégia para o manejo integrado das terras, águas e recursos naturais que promove a conservação e o uso sustentável de uma forma eqüitativa. Assim, a aplicação da abordagem ecossistêmica ajuda a atingir o balanço dos três objetivos da convenção: conservação, uso sustentável e repartição justa e eqüitativa dos benefícios derivados da utilização dos recursos genéticos.

Essa abordagem está fundamentada na aplicação das metodologias científicas apropriadas dirigidas para os níveis de organização biológica, que abrangem a estrutura essencial, os processos, as funções e as interações entre organismos e seu ambiente. Esse enfoque reconhece que os humanos, com sua diversidade cultural, são um componente integral de vários ecossistemas. Esse foco na estrutura essencial, nos processos, nas funções e nas interações é consistente com a definição de ecossistema do artigo 2º da convenção: "Ecossistema significa um complexo dinâmico de comunidades vegetais, animais e de microorganismos e o seu meio inorgânico que interagem como uma unidade funcional". Essa definição não especifica nenhuma unidade ou escala espacial, podendo se referir a qualquer unidade funcional em qualquer escala. A escala de análise e ação deve ser determinada pela questão em pauta, podendo ser, por exemplo, um grão de solo, um lago, uma floresta, um bioma ou toda a biosfera.

A abordagem ecossistêmica requer um manejo adaptativo para lidar com a natureza complexa e dinâmica dos ecossistemas e com a ausência de conhecimento completo ou de entendimento sobre seu funcionamento. Os processos dos ecossistemas são, em geral, não-lineares e seus resultados freqüentemente mostram descontinuidades, o que leva a surpresas e incertezas. O manejo deve ser adaptativo para responder a essas incertezas e conter elementos de "aprender fazendo" ou de retroalimentação das pesquisas.

Essa abordagem não exclui outros enfoques de manejo e conservação, como as reservas da biosfera, as áreas protegidas e os programas de conservação de espécies, assim como outras abordagens existentes nas políticas nacionais. Seu objetivo é integrar todas essas abordagens e outras metodologias para lidar com situações complexas. Não há uma única maneira de implementar a abordagem ecossistêmica, pois ela depende das condições locais, provinciais, nacionais, regionais ou globais.

continua

Princípios da abordagem ecossistêmica

1. Os objetivos do manejo das terras, águas e recursos naturais é um assunto de escolha da sociedade.
2. O manejo deve ser descentralizado até o mais baixo nível apropriado.
3. Os gestores de ecossistemas devem considerar os efeitos (existentes ou potenciais) de suas atividades nos ecossistemas adjacentes e em outros.
4. Reconhecendo os ganhos potenciais do manejo, há, em geral, necessidade de manejar o ecossistema em um contexto econômico.
5. Conservação da estrutura e funcionamento dos ecossistemas, visando a manutenção dos serviços ambientais, deve ser um alvo prioritário da abordagem ecossistêmica.
6. Ecossistemas devem ser manejados dentro dos limites de seu funcionamento.
7. A abordagem ecossistêmica deve ser desenvolvida nas escalas temporais e espaciais adequadas.
8. Reconhecendo as escalas temporais variáveis e as descontinuidades que caracterizam os processos ecossistêmicos, os objetivos do manejo de ecossistemas devem ser estabelecidos para o longo prazo.
9. Os gestores devem reconhecer que a mudança é inevitável.
10. A abordagem ecossistêmica deve buscar o balanço apropriado e a integração entre a conservação e o uso da biodiversidade.
11. A abordagem ecossistêmica deve considerar todas as formas de informações relevantes, incluindo o conhecimento científico e os conhecimentos, as inovações e as práticas tradicionais e locais.
12. A abordagem ecossistêmica deve envolver todos os setores relevantes da sociedade e as disciplinas científicas.

Um sistema de áreas protegidas e os processos mantenedores de biodiversidade

A escala dos processos mantenedores da biodiversidade e a dimensão do impacto humano espelham o tamanho do desafio da manutenção da biodiversidade nas áreas protegidas. Por um lado, a questão da escala revela que só um sistema de áreas protegidas que incorpore diversos elementos, além das tradicionais unidades de conservação, pode efetivamente contribuir para a conservação da biodiversidade. Por outro, a extensão do impacto das atividades humanas sobre a biodiversidade mostra que mesmo um sistema eficiente de áreas protegidas só poderá conservar biodiversidade se acoplado a outras medidas, como a redução do desperdício e do consumo humano.

Um dos grandes desafios políticos de um sistema de áreas protegidas é impedir o estabelecimento da síndrome do "já-estamos-protegendo-a-natureza-nas-áreas-protegidas-então-o-resto-do-planeta-pode-ser-destruído". Essa síndrome reduz a possibilidade de interação e colaboração com outros setores do governo e da sociedade e, por conseguinte, de proteger a biodiversidade. Seus efeitos podem comprometer seriamente a efetividade das áreas protegidas, pois, como já mencionado exaustivamente, sua biodiversidade depende dos processos biológicos que ocorrem também fora da unidade. A ênfase do sistema de áreas protegidas deve ser a conservação desses processos e não de seus resultados. Portanto, a compreensão pelos diversos setores do governo e pela sociedade de que não basta um conjunto – por maior que seja – de áreas protegidas para conservar a biodiversidade é essencial.

O atual Sistema Nacional de Unidades de Conservação (Snuc) faz uma tentativa, ainda que incipiente, de considerar outros elementos para além das fronteiras das unidades de conservação, como é o caso dos já mencionados corredores ecológicos e zonas de amortecimento. Entretanto, para abarcar a complexidade dos processos mantenedores de biodiversidade, o sistema deveria incorporar outros componentes, alguns já existentes, como as áreas de preservação permanente, as reservas legais e as terras indígenas, no sentido de ampliar a cobertura da proteção aos processos ecológicos. Mais eficiente, talvez, fosse ter as áreas protegidas como parte de um sistema maior de ordenamento territorial e gestão dos recursos naturais que tratasse de conciliar os diversos usos da terras e de mitigar seus impactos.

Alguns dos debates e das hipóteses acima explicitadas encontram expressão, também incipiente, no Snuc. A própria presença dos corredores ecológicos é um reconhecimento implícito da necessidade de conectividade das unidades de conservação e do processo de fragmentação que vem ocorrendo. O papel dos distúrbios como condicionantes de certas paisagens começa a fazer parte das estratégias de planejamento. Por exemplo, no *Roteiro metodológico de planejamento* para parques nacionais, reservas biológicas e estações ecológicas (Ibama, 2002), há entre as atividades a serem contempladas pelo plano de manejo "o desenvolvimento de estudos e/ou levantamentos para a identificação das indicações para o manejo do fogo, quando as características da vegetação da unidade assim exigirem". Apesar de vago, eis aí um reconhecimento de que determinados ecossistemas têm no fogo um processo mantenedor de biodiversidade.

A manutenção dos processos biológicos responsáveis pela biodiversidade passa também pelo envolvimento dos diversos atores locais que, ao fazerem uso da terra e dos recursos naturais, afetam esses processos e, conseqüentemente, a integridade da biodiversidade nas áreas protegidas. Esse envolvimento permite o planejamento da conservação numa escala mais adequada e a alocação de recursos para atividades de pesquisa, manejo, educação e capacitação, ao invés do gasto em atividades de comando e controle, necessárias para defender as unidades das comunidades locais, quando não há esse envolvimento.

Para saber mais

Sobre a perda de diversidade no planeta

O livro de Edward O. Wilson, editado pela Companhia das Letras, em 1992, *Diversidade da vida,* além de trazer inúmeras informações sobre a diversidade biológica e sua depleção, é de agradável leitura.

Sobre a redução da Mata Atlântica

Imperdível é o livro de Warren Dean, *A ferro e fogo – a história e a devastação da Mata Atlântica brasileira*, editado em 1995, pela Companhia das Letras. O historiador americano narra a triste trajetória da nossa mais rica floresta, com surpreendente profusão de dados.

Sobre o papel da diversidade genética

O livro *The red queen – sex and evolution of human nature,* de Matt Ridley, editado pela Peguin Books, em 1993, explica como a diversidade genética possui um papel-chave na sobrevivência das espécies, inclusive da humana. O autor, um zoólogo convertido em jornalista, possui as vantagens de ambas as profissões: conhece o assunto de que trata e escreve de maneira acessível e agradável.

Sobre os efeitos da fragmentação

Publicação recente do Ministério do Meio Ambiente, *Fragmentação de ecossistemas: causas, efeitos sobre a biodiversidade e recomendações de políticas públicas*, organizado por Denise M. Rambaldi e Daniela A. S. Oliveira, em 2003, derivado do Projeto de Conservação e Utilização Sustentável da Diversidade Biológica Brasileira (Probio), analisa as causas da fragmentação, e seus efeitos nos diversos grupos biológicos.

Sobre os processos biológicos e suas relações com o Snuc

O capítulo de minha autoria no livro *Direito ambiental das áreas protegidas*, "Os pressupostos biológicos do Sistema Nacional de Unidades de Conservação", trata desse tema. O livro, organizado por Antônio Herman Benjamin, foi editado, em 2001, pela Forense Universitária.

Sobre o impacto humano na biodiversidade

O livro de Andrew Goudie, *The human impact on the natural environment*, que desde 1981 tem sido constantemente reeditado pela editora do Massachusetts Institute of Technology, o MIT, examina as várias facetas do impacto das atividades humanas e fornece uma infinidade de dados.

4

Conservação, conflito e transformação social

Origens e história

A idéia de que a conservação da natureza só pode se dar com a exclusão das populações locais permeia a história. Muitos acreditam, por exemplo, que a história de Robin Hood tenha entre suas raízes a resistência popular às restrições impostas nas florestas inglesas, classificadas como reservas reais de caça (Colchester, 1997). Assim, com a concepção das áreas protegidas e seu estabelecimento, surgiu uma questão que até hoje acompanha essas áreas: como lidar com as populações humanas que residem na área ou fazem uso dos recursos naturais da área destinada à proteção. Em um primeiro momento, a resposta foi simples, as populações residentes devem ser deslocadas para outras áreas e o uso dos recursos naturais proibido. A criação do Parque Nacional de Yellowstone desalojou povos indígenas, como os *crow, blackfeet* e *shoshone-bannock*. Essa resposta simples, entretanto, revelou rapidamente sua face complexa: cinco anos depois da criação de Yellowstone, 1877, os *shoshone* entraram em conflito com as autoridades do parque, resultando em um saldo de 300 mortos. Nove anos depois, a administração do Parque Nacional de Yellowstone passou para as mãos do Exército americano (Colchester, 1997). Desde então, os casos se multiplicaram, a ponto de a questão da presença humana em unidades de conservação se tornar central.

Essa situação deriva-se do modelo de áreas protegidas que tem sido adotado. Uma das características desse modelo é a exclusão das populações e a transformação das áreas a serem reservadas em áreas desabitadas. Argumentos favoráveis e contrários a esse modelo podem ser arrolados. Um dos principais argumentos a seu favor é a idéia de que mesmo uma pequena população que resida em uma unidade de conservação não pode e não deve ser privada do acesso aos bens de consumo, à educação, à saúde e à tecnologia. Como resultado, o pequeno impacto causado por essa população, no presente, tende a crescer e, com isso, passará a ameaçar a biodiversidade da área. Argumentos contrários, em geral, têm como base a possibilidade das populações fazerem um uso sustentável dos recursos naturais e a convicção de que a conservação ambiental não pode ser concebida de forma separada das outras políticas do Estado, nem dos direitos humanos, ou seja, não é possível desalojar as pessoas da unidade de conservação e dar a questão por encerrada.

Como já mencionado, a base do modelo adotado reside na concepção de que haveria ainda no planeta ambientes prístinos, jamais manejados pelo ser humano, e eles seriam os mais dignos de ser conservados. Atualmente, sabe-se que tais ambientes não existem. Uma curiosidade é que mesmo áreas utilizadas por povos indígenas podem ser consideradas selvagens e intocadas, admitindo-se, eventualmente, a presença dessas populações se elas se conformarem com o estereótipo de primitivas e não adotarem práticas modernas.

Os contrários ao modelo defendem, entre outros argumentos, o papel das populações humanas na manutenção da biodiversidade. Em geral, esse argumento fundamenta-se na hipótese da perturbação intermediária, ou seja, o uso que as populações fazem dos recursos naturais funciona como um nível de distúrbio intermediário e esse nível mantém a diversidade máxima de espécies. Aparentemente, em muitos casos, como na remoção das populações indígenas das áreas que seriam transformadas em parques, na África, esse foi o cenário: com a exclusão das populações humanas e suas práticas de manejo, as paisagens se transformaram, obrigando os gestores das áreas a reproduzirem o manejo dessas populações para preservar a paisagem e sua diversidade biológica. No entanto, em muitos casos, com a aquisição de novas práticas tecnológicas, o nível de distúrbio produzido pela população é maior do que o "intermediário".

Assim, a existência de áreas sem populações humanas, dentro de um sistema de áreas protegidas, é relevante para a conservação da biodiversidade. Por outro lado, áreas com uso são também fundamentais, pois preservam práticas tradicionais de manejo, experimentam alternativas de uso sustentável e ampliam as possibilidades de conservação tanto no espaço quanto no tempo.

Apesar das vantagens da coexistência de áreas sem uso e áreas com uso e habitantes, a regra tem sido a adoção do modelo de áreas desabitadas à força, muitas vezes causando grandes conflitos e até derramamento de sangue.

Natureza intocada ou construção cultural?

A peste bovina é uma doença virótica, altamente contagiosa, que causa, na maioria dos casos, a morte dos animais. Em 1889, as forças de ocupação italianas na Somália importaram gado da Índia e do sul da Rússia, infectado com essa doença, para alimentar suas tropas. Os rebanhos nativos, jamais expostos a essa peste, rapidamente sucumbiram. A doença, ao se espalhar, foi ganhando virulência, atingindo cabras e ovelhas, bem como os animais selvagens. Populações de búfalos, girafas, antílopes e outras foram virtualmente eliminadas. Em 10 anos, a peste bovina cruzou o continente africano, abatendo cerca de 95% do gado africano e dizimando uma parcela significativa de animais silvestres. Logo após sua introdução, a doença se espalhou para a Etiópia, o Sudão e a costa leste da África. Por meio dos criadores de gado do Sahel, chegou na costa oeste, se espalhando ao longo do vale Rift até o rio Zambeze, onde parou temporariamente. Em 1896, a peste bovina cruzou o rio, atingindo Bechuanaland (atual Botswana) e a África do Sul. Cinco milhões e meio de cabeças de gado morreram ao sul do Zambeze e, em novembro de 1897, todo o continente estava infectado.

O impacto foi devastador. Além da fome e da mortandade que se seguiram, as conseqüências psicológicas e sociais foram imensas. Por muito tempo, o gado, na África, foi a forma de riqueza de onde se derivava o poder e a autoridade. Povos que tinham na atividade de cuidar do gado sua principal identidade foram atingidos em cheio. Duas das mais graves conseqüências foram a diminuição da possibilidade de resistência à ocupação colonial e a diminuição da capacidade de ocupar as áreas anteriormente habitadas e utilizadas pelas populações africanas. Esta última se tornou uma fonte de transformação da paisagem. Campos de pastoreio sem uso transformaram-se, em pouco tempo, em áreas arbustivas, criando condições ideais para a dispersão da mosca tsé-tsé. Diante da diminuição das populações de animais selvagens, que constituem sua fonte primária de alimentação, em um primeiro momento, a atuação da mosca tsé-tsé decresceu. Porém, com a recuperação dos animais silvestres, o domínio da tsé-tsé não apenas se refez, como se ampliou para as novas áreas arbustivas. A doença do sono, causada por ela, e que estava sob relativo controle, explodiu, causando 200 mil mortes por volta de 1906.

Uma conseqüência indireta do rompimento do equilíbrio ecológico que abrangia o gado, as populações humanas e a mosca tsé-tsé foi o significativo aumento das áreas ocupadas apenas por animais silvestres. Essas áreas, pouco tempo antes, intensamente utilizadas pelas populações africanas, foram identificadas pelos conservacionistas das forças coloniais como o retrato da África intocada e, muitas delas, foram transformadas em áreas protegidas: Serengueti, Masai Mara, Tsavo, Selous, Ruaha, Luangwa, Kafue, Wankie, Okavango, Kruger, entre outras (Reader, 1997).

Na Amazônia, crescentes evidências arqueológicas, históricas e ecológicas apontam para um passado de alta densidade populacional e manejo intenso e constante do ambiente. Os caiapós, por exemplo, que habitam a região desde antes da chegada dos europeus, praticavam a agricultura nômade em áreas muito extensas e classificam as ilhas de florestas no cerrado (*apetê*) segundo o tamanho, a forma e as espécies dominantes e freqüentemente manejam as áreas. É impossível saber qual é a extensão verdadeira da influência indígena na floresta e no cerrado, pois as vilas caiapós atualmente são apenas remanescentes das antigas vilas que eram antes ligadas por trilhas e ocupavam uma vasta área entre o rio Araguaia e o Tapajós. É provável, inclusive, que o manejo do cerrado fosse uma prática comum entre outras tribos presentes no país (Posey, 1985).

Um estudo recente mostrou que, por volta do século XVI, algumas regiões da Amazônia eram densamente povoadas, abrigando aldeias de 500.000 m^2 e habitadas por cerca de 5 mil pessoas. Essas aldeias eram interligadas por estradas que chegavam a ter 5 km de extensão e 50 m de largura. Para comportar essa estrutura, havia pontes, represas, aterros e lagos. O estudo aponta que as florestas dessa região, o Alto Xingu, crescem sobre áreas onde a pesca era abundante e o cultivo de mandioca feito em larga escala. Essas áreas foram abandonadas devido à acentuada queda da população, ocorrida entre 1600 e 1700, resultante do contato com os colonizadores e suas doenças. A conclusão é que a Amazônia é uma "floresta cultural", derivada de séculos de atividades humanas realizadas por populações que viviam de forma articulada com o "ambiente por meio de dispositivos sociotécnicos muito diferentes do complexo agroindustrial do capitalismo tardio" (Castro, 2003).

A exclusão e suas conseqüências

Além dos já mencionados casos, há muitas outras histórias de exclusão de populações humanas de áreas protegidas, muitas delas com conseqüências trágicas. Na África colonial, talvez o mais terrível dos casos seja o da expulsão dos ik para a criação do Parque Nacional Kidepo, em Uganda. Obrigados a ocupar terras com características distintas e praticar técnicas de agricultura diferentes das que estavam habituados, o povo ik passou por períodos prolongados de fome, que levaram ao colapso total de sua sociedade. As tradições de compartilhamento da comida desapareceram e os ik foram adiando a morte por fome, por meio da caça, a mendicância e a prostituição.

Há vários outros casos, como o estabelecimento de parques nacionais em Uganda, Ruanda e no Congo, o que expulsou os pigmeus batwa, que ocupam uma posição tão marginal em suas sociedades que, freqüentemente, são ignorados nos levantamentos de populações afetadas pela criação de áreas protegidas. Essas remoções forçadas continuam ocorrendo. Recentemente, a criação do corredor ecológico entre a Reserva Florestal Kibale e o Parque Nacional Queen Elisabeth, em Uganda, levou à expulsão de cerca de 30 mil pessoas das comunidades locais, causando sérias violações dos direitos humanos, morte dos animais domésticos, empobrecimento e morte das pessoas (Colchester, 1997). Na África, outro exemplo é o do estabelecimento dos parques no Zimbábue, como o Parque Nacional Gonarezhou, que reassentou os Shangaan, na maioria mulheres, nas terras de entorno do parque, inapropriadas para o desenvolvimento das atividades tradicionais (McIvor, 1997).

Na Índia, foram relatados, no começo da década de 1980, mais de 100 casos de conflitos nos parques nacionais e santuários ecológicos. Mais tarde, no começo da década de 1990, populações locais incendiaram os parques nacionais Kanha e Nagarhole quando seu acesso para coletar produtos florestais foi proibido. Em áreas mais remotas, insurgentes tomaram a Reserva de Tigres Manas, em Assam, expulsando os guardas florestais, e invadiram a Reserva de Tigres e Búfalos Kutur, em Madhya Pradesh (Pretty, 2002).

No Brasil, há casos de realocação forçada de populações e conflitos para a implantação de áreas protegidas, como na Estação Ecológica de Anavilhanas, um gigantesco arquipélago fluvial no rio Negro, no estado do Amazonas. Há, também, inúmeros casos de populações que habitam áreas protegidas durante anos sem saber sequer que o local é uma unidade de conservação, até que, em determinado momento, o poder público decide reassentá-la ou restringir o seu uso dos recursos naturais.

A generalização do modelo de conservação que exclui populações humanas acabou por gerar, em diversos países, uma legislação que espelha tal situação, não deixando espaço para outras alternativas. Desta forma, mesmo em casos onde a população local não representa ameaça para a conservação da biodiversidade, os gestores das unidades são forçados a reassentá-la devido à legislação existente. Esse é, por exemplo, o caso do Parque Nacional Korup, em Camarões. Trata-se de uma área de 126 mil hectares de florestas habitadas por cerca de mil pessoas. De acordo com a legislação local, essa população deve ser reassentada, ainda que haja muitas dúvidas sobre a necessidade da sua remoção e sobre se tal procedimento seria recomendado, dado que os níveis de utilização dos recursos do parque são baixos e que a caça ali praticada é a única fonte da parca renda da maioria da população. O agravante é que qualquer atividade geradora de renda alternativa para essa população na área do parque seria ilegal, conforme a legislação vigente (Colchester, 1997). Esse é um exemplo similar ao do Parque Nacional do Jaú, no Amazonas, uma área de cerca de 2 milhões de hectares onde habitam cerca de 900 pessoas. Apesar de fazer um uso de baixo impacto dos recursos naturais e de seu eventual reassentamento ser altamente impactante social e culturalmente, essa população terá que ser removida do parque e realocada em outro local, pois assim dispõe a legislação brasileira.

Para essas populações, o reassentamento traz enorme sofrimento e uma ruptura cultural, já que o conhecimento tradicional de que dispõem não é universal, ou seja, ele está muito ligado ao local onde é concebido e desenvolvido. Por exemplo, um conhecimento ligado às propriedades terapêuticas de uma determinada planta de nada serve se a população é removida para uma área onde tal planta não existe. O vasto conhecimento da agricultura tradicional está profundamente associado aos solos, climas, animais e plantas presentes numa área. Assim, a preservação desse conhecimento está fortemente relacionada com a garantia de permanência das populações nas terras tradicionalmente ocupadas por elas.

Outro aspecto dessa questão é a tolerância da permanência das populações locais em áreas protegidas, sob condição de que elas mantenham seu estilo tradicional de vida, sem aderir a práticas modernas e novas tecnologias. Em geral, essa tolerância está ligada ao turismo e à transformação das populações em atrações. Por exemplo, o último grupo de bosquímanos ao qual foi permitida a permanência no Parque Nacional Gemsbok, na África do Sul, deveria manter seu estilo de vida tradicional. Evidentemente, isso não aconteceu, pois eles não apenas mudaram seu estilo de vida, querendo roupas, melhores casas e cães de caça, como também se casaram com outras pessoas de outras comunidades locais. O desgosto dos gestores da unidade está expressa nessa declaração de um deles: "sua desejabilidade como atração turística está sob sérias dúvidas, assim como a desejabilidade de permitir sua permanência por tempo indefinido. Eles se desqualificaram" (Colchester, 1997).

Por fim, vale assinalar que o modelo de conservação que exclui as comunidades locais é, em geral, fundamentado sobre uma grande injustiça, pois foram essas populações que preservaram a área que se quer proteger. A declaração de um

Karen da Tailândia (citado em Colchester, 1997) sobre a criação de um santuário de vida silvestre, em áreas tradicionalmente ocupadas por seu povo, ilustra a injustiça do modelo. Diz ele:

> quando nos mudamos para essas florestas há dois séculos atrás, Bangok era um pequeno vilarejo cercado por uma vegetação luxuriante. Ao longo desses anos, nós, os Karen, protegemos as florestas de nossas terras por respeito aos nossos ancestrais e nossas crianças. Talvez se tivéssemos cortado as florestas, destruído a terra e construído uma cidade gigantesca como Bangok, não estaríamos, agora, ameaçados de expulsão de nossas terras.

O resultado disso é que quem conserva é punido, enquanto quem usa o ambiente de forma predatória é recompensado. Ou seja, aqueles que preservaram a biodiversidade das áreas onde vivem estão ameaçados de ser desalojados em nome de um benefício maior e mais difuso: algo como o "bem da humanidade ou das gerações futuras". Aqueles que degradaram o meio ambiente, continuam onde estão, e ainda ganham os benefícios das áreas protegidas que melhoram sua qualidade de vida e asseguram serviços ecológicos que, de outra forma, se perderiam.

Povos indígenas e populações tradicionais[19]

A Constituição Federal consolidou os direitos dos povos indígenas sobre as terras que tradicionalmente ocupam, evitando que essas populações sejam desalojadas ou reassentadas. Ainda assim, persiste uma questão que contrapõe as terras indígenas às unidades de conservação: trata-se da sobreposição entre essas áreas. A tabela 4 mostra a sobreposição entre as unidades de proteção integral na Amazônia e as terras indígenas. A maior parte das sobreposições está nessa região. Além das unidades de proteção integral, há inúmeras florestas nacionais sobrepostas a terras indígenas. O destino dessas áreas tem sido alvo de inúmeras controvérsias, pois há aqueles que acreditam que, como existe uma sobreposição de finalidades, a conciliação é impossível. Para eles, o melhor seria, simplesmente, abolir as uni-

[19] A Convenção sobre Diversidade Biológica usa a expressão "comunidades locais", ao invés de "populações tradicionais". Dadas as dificuldades que cercam as definições de "populações tradicionais", essa parece ser uma boa alternativa. Nesse texto, as duas expressões foram usadas praticamente como sinônimos.

dades de conservação. Há defensores dessa solução entre aqueles que acreditam assim estar defendendo os direitos indígenas, bem como entre os que crêem estar defendendo a conservação da biodiversidade por meio de um modelo de unidade de conservação que não se adequa a essa situação de sobreposição.

Tabela 4

Sobreposições entre unidades de conservação (UC) federais de proteção integral e terras indígenas (TI) na Amazônia Legal (todas as medidas em hectares)

Área de sobreposição	Terra indígena	Extensão no sistema cartográfico ISA	% de sobreposição em relação à TI	Unidade de conservação	Extensão no sistema cartográfico ISA	% de sobreposição em relação à UC
1.136.275,89	Yanomami	9.586.326,85	11,853	Parna do Pico da Neblina	2.244.903,17	50,616
702.036,37	Uru-Eu-Wau-Wau	1.878.302,21	37,376	Parna Pacaás Novos	702.036,37	100,000
409.358,50	Massaco	427.975,42	95,650	Rebio do Guaporé	595.911,86	68,694
364.354,69	Boto Velho	364.360,74	99,998	Parna do Araguaia	549.970,46	66,250
220.054,92	Enawenê Nawê	758.871,79	28,998	Esec Iquê	220.054,92	100,000
116.090,13	Raposa/ Serra do Sol	1.742.191,62	6,663	Parna do Monte Roraima	116.090,13	100,000
90.566,38	Andirá-Marau	791.159,99	11,447	Parna da Amazônia	909.463,48	9,958
52.607,07	Balaio	52.607,07	100,000	Parna do Pico da Neblina	2.244.903,17	2,343
47.958,36	Médio Rio Negro II	324.975,80	14,758	Parna do Pico da Neblina	2.244.903,17	2,136
7.771,87	Igarapé Lourdes	194.802,11	3,990	Rebio do Jaru	284.897,80	2,728
4.045,69	Betânia (área 2)*	6.674,49	60,614	Resec Jutaí/ Solimões	299.936,83	1,349
2.409,08	Yanomami	9.586.326,85	0,025	Esec de Caracaraí**	92.970,43	2,591
391,23	Yanomami	9.586.326,85	0,004	Parna Serra da Mocidade**	376.314,08	0,104

Fonte: Instituto Socioambiental, 2002 (dados fornecidos à autora).

* Trata-se de área descontínua, portanto, o cálculo foi efetuado apenas para esta parcela. Como o decreto não apresenta a extensão separada das duas áreas, foi utilizada a extensão obtida do sistema.

** A sobreposição é muito pequena, mas confirmada. Como a área declarada no decreto é muito menor do que a obtida na plotagem, recomenda-se cuidado na utilização deste dado.

Vale a pena, na busca de uma solução para essa questão, distinguir as diversas situações que se apresentam. A primeira distinção importante diz respeito à categoria da unidade de conservação, se de proteção integral ou se de uso sustentável. É de se supor que seja mais difícil conciliar uma terra indígena com uma floresta nacional, que tem entre seus objetivos o uso sustentável dos recursos florestais, do que com uma área de proteção integral. Como os índios possuem usufruto exclusivo das riquezas do solo, os resultados de toda e qualquer exploração florestal na área de sobreposição com suas terras deveriam reverter integralmente para eles. No caso de unidades de proteção integral, um zoneamento realizado com os povos indígenas poderia conciliar os usos da área. Outra alternativa é a criação de zonas específicas para essa situação, durante o processo de confecção do Plano de Manejo. Na época dos debates que conduziram à lei do Sistema Nacional de Unidades de Conservação, aventou-se a possibilidade da criação de uma categoria de manejo que, por um lado, permitiria aos povos indígenas estabelecer, formalmente, áreas protegidas dentro de suas terras e, por outro, resolver a questão da sobreposição, transformando a área de intersecção nessa categoria. Essa idéia, a criação da reserva indígena dos recursos naturais, não vingou, principalmente pela dificuldade de diálogo entre os órgãos governamentais responsáveis por esses temas no país. O quadro 12 apresenta essa proposta.

Quadro 12

Reserva indígena dos recursos naturais — proposta do Instituto Socioambiental durante as negociações da Lei do Sistema Nacional de Unidades de Conservação

Art. A Reserva Indígena dos Recursos Naturais é uma unidade de conservação federal que se destina à proteção dos recursos ambientais existentes em terras indígenas.

§1º – A RIRN será criada por decreto presidencial, por solicitação da(s) comunidade(s) indígena(s) que detém(êm) direitos de ocupação sobre a área específica a ser protegida, situada em determinada terra indígena, desde que aprovada pelo órgão ambiental federal com fundamentação da sua relevância ambiental.

§2º – A criação da RIRN não prejudicará o exercício das competências legais do órgão indigenista federal sobre a sua área de abrangência.

§3º – O plano de manejo da RIRN será formulado e executado em conjunto pela comunidade indígena e pelos órgãos indigenista e ambiental, que poderão, quando for o caso, convidar outras instituições públicas ou privadas com reconhecida atuação na área.

continua

§4º – O plano de manejo deverá especificar:
a) as atividades de fiscalização, de manejo de recursos naturais, de pesquisa ou de visitação que poderão ou deverão nela realizar-se;
b) as eventuais restrições de uso a que a(s) comunidade(s) indígena(s) ocupante(s) se disporá(ão);
c) as competências do órgão ambiental federal em relação à sua área de abrangência.
§5º – A RIRN será gerida pela comunidade indígena ocupante, que poderá requisitar o apoio do órgão indigenista e do órgão ambiental para a realização dos atos de proteção e fiscalização da unidade.
§6º – Na RIRN não serão realizadas obras não previstas no seu plano de manejo, bem como atividades que impliquem desmatamento, exploração de madeira e de minérios.
§7º – As comunidades indígenas que ocupem terras nas quais foram criadas RIRN terão acesso, em caráter preferencial, a linhas de crédito e outros incentivos para o desenvolvimento de atividades de auto-sustentação econômica e defesa do patrimônio ambiental.

Art. Nos casos em que as unidades de conservação já criadas incidam total ou parcialmente sobre terras indígenas, o poder público federal deverá, no prazo de dois anos após a promulgação desta lei, sob pena da nulidade dos atos que as criaram, instituir grupos de trabalho específicos compostos por representantes da comunidade indígena ocupante, do órgão indigenista e ambiental e, quando for o caso, de outras instituições públicas ou privadas com reconhecida atuação na área, para analisar caso a caso as sobreposições e propor medidas que compatibilizem a coexistência da unidade de conservação com a terra indígena sobre a qual incide.
§1º – Nos casos em que os grupos de trabalho concluírem pela incompatibilidade da coexistência da unidade de conservação com a terra indígena sobre a qual incide, o poder público federal deverá, no prazo de um ano:
I. reclassificar a área incidente como Reserva Indígena de Recursos Naturais, nos termos do artigo anterior;
II. retificar os limites da unidade de conservação de modo a subtrair a área incidente sobre terra indígena e, sempre que possível, criar uma compensação, ampliando a área da unidade original em uma extensão equivalente à área subtraída, mediante a incorporação de áreas contíguas ou não;
III. revogar o ato de criação da unidade de conservação, quando sua área original for totalmente incidente sobre terra indígena e se comprovar a impossibilidade de compatibilização ou reclassificação, nos termos do previsto neste artigo.

Art. Nos casos de reclassificação ou compatibilização da coexistência de unidades de conservação com terras indígenas, deverão ser previstas formas de compensação às comunidades indígenas pelas restrições decorrentes do estabelecimento destas medidas.
§1º – A compensação se fará preferencialmente através da viabilização de programas visando a auto-sustentação econômica das comunidades indígenas.
§2º – O estabelecimento das medidas indicadas no *caput* não prejudicará em nenhuma hipótese o livre trânsito dos índios em suas terras.

A segunda distinção significativa é a localização da sobreposição. Na Amazônia, as sobreposições são tratadas, em geral, com relativa tranqüilidade, enquanto na Mata Atlântica, diante da situação alarmante do bioma, as possibilidades de conciliação parecem mais exíguas, pois os fragmentos de florestas ainda existentes são pouco numerosos e de tamanho reduzido. Ainda assim, a tentativa de conciliação parece mais eficaz, sob a perspectiva da conservação, do que o contínuo conflito, que ocorre, por exemplo, no caso do Parque Nacional Monte Pascoal e o povo Pataxó.

A Lei do Sistema Nacional de Unidades de Conservação, em suas disposições transitórias, diz que

> os órgãos federais responsáveis pela execução das políticas ambiental e indigenista deverão instituir grupos de trabalho para, no prazo de cento e oitenta dias a partir da vigência desta Lei, propor as diretrizes a serem adotadas com vistas à regularização das eventuais superposições entre áreas indígenas e unidades de conservação.

Efetivamente, foi formado um grupo de trabalho, mas não houve conciliação e a questão espera por uma solução até o momento.

O caso das populações tradicionais não-indígenas é bastante distinto, pois elas não possuem direitos assegurados, podendo ser desalojadas, removidas e reassentadas. Logo, essas populações – extrativistas, ribeirinhas, quebradeiras de coco – têm sido marginalizadas pelos governos e muitas vezes expulsas das áreas que ocupavam tradicionalmente, causando ruptura cultural e social. O uso dos recursos naturais por essas populações tem sido, freqüentemente, justificativa para as elites excluírem as comunidades locais, transformando as unidades de conservação em mais uma razão, ao lado de outras, como as barragens hidrelétricas, para a exclusão, remoção e eventual reassentamento dessas populações.

No Brasil, as populações tradicionais lutam, há séculos, contra o movimento de expansão das fronteiras do capital, que invade o campo e, ao tratar a terra como mais uma mercadoria, entra em choque material e ideológico com as formações sociais tradicionais, que têm na terra o elemento central da sua sobrevivência. A violência contra essas populações manifesta-se, entre outras formas, no não-reconhecimento dos direitos de propriedade da terra que ocupam, assim como em uma visão preconceituosa e estereotipada dos elementos de sua cultura e do seu modo de vida, considerados "atrasados", "primitivos" e, portanto, obstáculos ao "verdadeiro progresso social" (Baylão e Bensusan, 2000). Por outro lado, os defensores da exclusão dessas populações das áreas protegidas argumentam que só a manutenção desse modo de vida por elas, o que é virtualmente impossível, poderia possibilitar a conciliação entre sua presença e a conservação da biodiversidade, como no caso do Parque Nacional Gemsbok, África do Sul.

A visão dos elementos da cultura das populações tradicionais como algo "atrasado" e "primitivo" conduz, entre outras conseqüências, a uma desvalorização do conhecimento dessas populações, fazendo com que sua perda não seja sequer reconhecida. Dessa forma, muito do conhecimento humano sobre a diversidade biológica está se perdendo. Um bom exemplo é a produção de mandioca: de origem amazônica, a mandioca é cultivada hoje em toda a região tropical e subtropical do planeta e é a cultura de base de cerca de 500 milhões de agricultores. O Brasil, segundo maior produtor mundial, depois da Nigéria, produz cerca de 23 milhões de toneladas por ano. A demanda por esse produto vem crescendo e, assim, paralelamente ao cultivo tradicional da mandioca, praticada por pequenos agricultores e populações tradicionais, vem surgindo uma produção em grande escala, com fortes insumos tecnológicos e mecanizada. Esse tipo de cultura está fundamentado num pequeno número de variedades que atendem às demandas do mercado. Entre as populações indígenas da Amazônia, no entanto, é grande o número de variedades cultivadas: alguns povos do rio Negro cultivam até 50 variedades diferentes de mandioca. Porém, tem-se verificado a tendência de abandonar o cultivo dessa multitude de variedades, privilegiando algumas poucas que atendam às demandas comerciais. O abandono dessas variedades, além de representar uma considerável perda genética para a mandioca, causará a perda do conhecimento relativo à forma de cultivá-las (Emperaire, 2002).

Mesmo quando alguns direitos dessas populações são assegurados, como é o caso de sua permanência temporária em unidades de proteção integral, persiste um espaço para sua contestação diante das dificuldades de se definir quem são as populações tradicionais. Como já visto, a definição de populações tradicionais foi vetada na Lei do Snuc, restando saber se isso fará com que haja uma limitação dos seus direitos, por meio do não-reconhecimento de certas comunidades como populações tradicionais, ou se isso possibilitará uma ampla inclusão dessas comunidades, evitando que algumas sejam excluídas por deficiências da definição.

A emergência da conciliação

Cada vez mais, os conservacionistas se dão conta de que a estratégia de conservar a biodioversidade em áreas protegidas, ignorando o cenário político e social mais amplo, é pouco eficaz. Enquanto o mal uso da terra e dos recursos naturais fora das áreas continuar, o futuro das unidades de conservação e de sua biodiversidade estará ameaçado. Além disso, estabelecer áreas protegidas sem levar em conta os problemas e direitos das populações locais cria conflitos e ressentimentos que, em última instância, ameaçam a integridade da biodiversidade que se quer conservar.

Diante desse quadro, alguns novos modelos de criação, implementação e gestão de áreas protegidas, bem como categorias inovadoras, têm sido concebidos e colocados em prática. É uma aposta na conciliação. Um exemplo são os mosaicos de unidades de conservação que reúnem áreas com diversas finalidades e distintos graus de uso permitido, possibilitando a continuidade de atividades tradicionais das comunidades locais e a geração de novas alternativas de renda. Outro exemplo, são as reservas extrativistas e reservas de desenvolvimento sustentável que, por meio de um zoneamento, tentam harmonizar as atividades produtivas das comunidades locais e a conservação da biodiversidade. O quadro 13 relata um pouco do passado e do presente das reservas extrativistas. Apesar dos novos modelos representarem um avanço, ainda há muito a ser feito na busca da conciliação.

É interessante notar que essas categorias inovadoras têm sido tratadas pelos adeptos do modelo de conservação que exclui populações humanas, como unidades de conservação de segunda categoria, sob o argumento de que possuem outros objetivos além da proteção da biodiversidade. Esse argumento, no entanto, é questionável, por vários motivos: esses novos modelos possibilitam aumentar a superfície de cobertura das áreas protegidas, o que é fundamental para a manutenção da biodiversidade; em geral, essas novas categorias abrangem áreas destinadas exclusivamente à proteção da biodiversidade; e como já mencionado, não será possível conservar a biodiversidade se não forem criados mecanismos de manutenção dos processos biológicos. Muitas dessas novas categorias e novos modelos podem funcionar como exemplos de formas alternativas de uso dos recursos naturais, mais racionais e sustentáveis, a serem seguidos, inclusive, fora de espaços especialmente protegidos.

As reservas da biosfera também são parte da emergência de novos modelos de conservação. Esse modelo, estabelecido pelo Programa Intergovernamental "O Homem e a Biosfera – MAB", da Unesco, é definido no Snuc como uma reserva de

Quadro 13

Reservas extrativistas: origens e problemas atuais

A proposta de criação de reservas extrativistas nasceu como forma de resistência dos seringueiros do Acre ao processo de expansão capitalista no estado, dentro da complicada estrutura fundiária ali existente. A incorporação da Amazônia, e por conseguinte do Acre, na "economia moderna" data da década de 1970. Essa incorporação, expressa pela pecuária no Acre, encontra a terra desvalorizada e o sistema extrativista desarticulado, provocando uma confrontação entre as diferentes formas de se relacionar com a floresta: preservado-a no caso do extrativismo e desmatando no caso da pecuária.

Desse confronto, nasceu a resistência dos extrativistas: o empate. Trata-se de impedir, empatar, uma atividade, nesse caso específico, o desmatamento. Desde 1979, os seringueiros vêm tentando impedir a derrubada da floresta. Apesar do pequeno êxito no campo dos empates – até meados da década de 1990, dos 50 realizados apenas 1/3 obteve sucesso –, em 1985, essa estratégia ganhou repercussão nacional. Nesse ano, os seringueiros realizaram o primeiro Encontro Nacional dos Seringueiros, em Brasília, de onde nasceu a primeira proposta de reserva extrativista. Em 1987, sem nenhuma das reivindicações do encontro atendidas, os seringueiros, liderados por Chico Mendes, voltam a Brasília. É o momento da Assembléia Nacional Constituinte e a proposta das reservas extrativistas é encampada pela direção do Incra, que a transforma numa modalidade de assentamento. Mais tarde, em 1990, a figura da reserva extrativista é regulamentada também pelo Ibama (Menezes, 1994).

Atualmente, existem várias reservas extrativistas na Amazônia, muitas criadas como parte de uma estratégia de resolução de conflitos. Muitas dessas reservas, entretanto, enfrentam problemas de viabilidade e sustentabilidade econômica. Os antropólogos Manuela Carneiro da Cunha e Mauro Almeida observam que para lidar com esses problemas, uma alternativa seria a criação de políticas que protegessem os produtos extrativistas, com subsídios para sua produção, com cotas para proteger seus mercados e com a eliminação dos subsídios que estimulam a agricultura e a pecuária. Essas políticas poderiam ser acompanhadas de outros mecanismos como uma certificação dos produtos que indique que são derivados de sistemas de conservação da natureza. Outra solução aventada por eles é o pagamento de uma "renda mínima florestal" aos extrativistas pelo conjunto de serviços ambientais por eles mantidos. Esse pagamento transformaria a manutenção da floresta como um capital, reduzindo a tentação de convertê-la a curto prazo em uma riqueza pouco sustentável (Cunha e Almeida, 2002).

gestão integrada, participativa e sustentável dos recursos naturais, com os objetivos básicos de preservação da diversidade biológica, o desenvolvimento de atividades de pesquisa, o monitoramento ambiental, a educação ambiental, o desenvolvimento sustentável e a melhoria da qualidade de vida das populações.

Ainda segundo o Snuc, a reserva da biosfera é constituída por: uma ou várias áreas-núcleo, destinadas à proteção integral da natureza; uma ou várias zonas de amortecimento, onde só são admitidas atividades que não resultem em dano para as áreas-núcleo; e uma ou várias zonas de transição, sem limites rígidos, onde o processo de ocupação e o manejo dos recursos naturais são planejados e conduzidos de modo participativo e em bases sustentáveis. Essas reservas podem abrigar áreas de domínio público ou privado. Dentro desse modelo, é possível conciliar a presença de comunidades locais e de povos indígenas com a conservação da biodiversidade, transformando unidades de proteção integral, desconectadas com a realidade local e de difícil – senão impossível – implementação e gestão, em áreas mais estáveis, onde é possível proteger a biodiversidade e melhorar a qualidade de vida das comunidades.

Há, atualmente, muitas experiências de conciliação sendo implementadas, algumas com base nas tradicionais categorias de unidades de conservação, como é o caso do Parque Estadual Morro do Diabo, em São Paulo, e outras fundamentadas em modelos bastante diferentes, como o Campfire, no Zimbábue.

Outro aspecto da conciliação é o operacional: para se proteger uma área da população local, são necessários muitos recursos e, muitas vezes, até mesmo efetivos policiais. Por outro lado, se a área protegida conta com a simpatia local, as comunidades deixam de ser uma ameaça e passam a ajudar na proteção da unidade. Em casos como o brasileiro, de parcos recursos para as unidades de conservação, o engajamento das comunidades locais pode ser decisivo.

Quadro 14

O Parque Estadual do Morro do Diabo e o Movimento dos Trabalhadores sem Terra (MST)

O Pontal do Paranapanema, no extremo oeste do estado, é uma das áreas mais pobres de São Paulo. No início da década 1940, foram estabelecidas em sua porção oeste três reservas: a Grande Reserva do Pontal com 246.480 ha, a Reserva Estadual da Lagoa São Paulo com 13.343 ha e a Reserva do Morro do Diabo (hoje Parque Estadual do Morro do Diabo) com 37.156 ha. Nos anos 1950, todavia, o governador Ademar de Barros distribuiu as terras da reserva entre seus amigos e correligionários, que iniciaram um processo voraz de ocupação do solo. Devido a essa ocupação sem critérios, o Pontal do Paranapanema sofreu drástica redução em sua cobertura florestal, restando hoje apenas 1,85% da cobertura original. A maior parte do que resta está protegida pelo Parque Estadual do Morro do Diabo (36.000 ha) e alguns fragmentos, totalizando 21.000 ha, em propriedades privadas. Ainda como conseqüência do modo de ocupação da Reserva do Pontal, houve grande concentração de terras devolutas em poder de poucos fazendeiros – 8% dos proprietários rurais detinham a posse de 75% dos 270 mil hectares da grande Reserva do Pontal. A Reserva Estadual Lagoa São Paulo praticamente sucumbiu sob as águas da Hidrelétrica de Porto Primavera, no rio Paraná.

continua

No início dos anos 1980, pequenos agricultores sem terra, apoiados pela Central Única de Trabalhadores – CUT e pela Pastoral da Terra da Igreja Católica, chegaram ao Pontal. Esses agricultores ocuparam as terras que os fazendeiros haviam tomado das Reservas do Pontal nos anos 1950. Esse começo da segunda leva de ocupações na região foi uma iniciativa tímida. Em meados dos anos 1980, o governo de São Paulo atendeu esses agricultores, estabelecendo assentamentos em terras adquiridas por compra ou por acordo com os fazendeiros. Mais recentemente, no começo dos anos 1990, ocorreu um terceiro processo de ocupação territorial na região, dessa feita por parte de grupos de agricultores sem terra organizados no Movimento dos Trabalhadores Rurais Sem Terra (MST). O Estado mais uma vez utilizou-se de acordos com os antigos ocupantes da Grande Reserva para solucionar esse novo conflito pela terra. Os números atuais (não-oficiais) mostram a existência de 6 mil famílias assentadas em glebas no Pontal, ocupando um total de 38.000 ha e, segundo os líderes do movimento, projeta-se assentar mais 50 mil famílias em um total de 1 milhão de hectares de terras devolutas e indiscriminadas na região. Diante desse quadro, os remanescentes florestais da região, um verdadeiro e único banco genético da Mata Atlântica do Planalto Paulista, corriam o risco de desaparecer rapidamente pela pressão da nova onda de ocupação das terras na região.

O Instituto de Pesquisas Ecológicas (IPÊ), uma organização não-governamental, e seu antecessor, o Projeto Mico-Leão-Preto, têm uma presença no Pontal desde 1983. As pesquisas do Instituto, nesses quase 20 anos de atuação no Pontal, vêm se concentrando em entender os efeitos da fragmentação das reservas florestais sobre a biodiversidade e a partir daí propor ações conservacionistas com bases científicas para a região. As pesquisas com o Mico-Leão-Preto mostraram que apenas com a conservação do parque e de todos os fragmentos florestais remanescentes na região, a espécie poderá sobreviver. Assim, diante da realidade do Pontal, o IPÊ passou a incorporar a suas pesquisas e atividades uma parceria frutífera com o MST, desde 1996. Um projeto foi desenvolvido com três componentes principais:

- estabelecimento de corredores entre três áreas de florestas, onde existem assentamentos rurais, por meio do plantio de árvores exóticas e nativas, ajudando o fluxo gênico e criando áreas de múltiplo uso para as comunidades;
- "abraço verde", criação de um cinturão de árvores nativas e exóticas "abraçando" o parque e outros fragmentos florestais para diminuição do efeito de borda. Para as comunidades, a exploração racional do "abraço verde" gera uma nova fonte de renda, além de uma provável redução nos conflitos e antagonismos no tocante ao uso da fauna e da flora presentes nos fragmentos florestais;
- uso dos quintais agroflorestais e dos bosques sociais como trampolins ecológicos (*stepping stones*).

Os resultados da parceria e do projeto têm sido muito animadores e o IPÊ considera que a reforma agrária no Pontal, que aparentemente se tornaria a grande vilã da biodiversidade que resta na área, é, atualmente, um dos elementos-chave para sua conservação.

Fonte: Pádua et al., 2002.

Quadro 15
Programa de Manejo de Recursos Nativos em Áreas Comunitárias (Campfire) – Zimbábue

Nos meados dos anos 1970, o Departamento Nacional de Parques e Manejo da Vida Silvestre da Rodésia desenvolveu um projeto-piloto na região de Sebungwe, como parte de um programa lançado pelo departamento e intitulado Campfire (Communal Areas Management Programme for Indigenous Resources). Foi a primeira vez que a expressão "acesso comunitário" apareceu nos documentos oficiais da Rodésia para políticas de manejo da vida silvestre. O Zimbábue, ex-Rodésia, possui cerca de 12,7% de seu território coberto por parques nacionais, que são uma das destinações preferenciais dos turistas na África, sob o apelo de "conhecer a África selvagem intocada pela presença humana" com conforto incomparável. O preço dessa ilusão é alto, não para os turistas, mas para as comunidades locais que, além de não gozarem de nenhum conforto, tiveram, com o colonialismo, suas melhores terras expropriadas e transformadas em reservas. O resultado é muito ressentimento e antagonismo em relação aos parques, cuja criação espelha as relações entre uma pequena elite européia, concentradora dos recursos naturais, e o resto da população do Zimbábue, desprovida de suas terras e direitos tradicionais. O programa Campfire é uma tentativa de diminuir a hostilidade, revertendo os benefícios do turismo e da conservação da biodiversidade para as comunidades locais.

Em 1975, surgiu na ainda Rodésia, o conceito legal de benefício econômico para populações mais afetadas pelo manejo da fauna silvestre, eixo central do Campfire. Em 1980, o Zimbábue tornou-se independente. O Campfire, depois de inúmeras experiências com a distribuição de benefícios, passou a funcionar com conselhos distritais que controlam o manejo da fauna, organizados na Associação dos Conselhos dos Distritos do Campfire, que passou a desempenhar muito das funções do Departamento Nacional de Parques e Manejo da Vida Silvestre. Em 1997, 26 dos 57 distritos do país participavam do programa. A natureza dos projetos varia muito, mas os objetivos centrais são a identificação dos benefícios financeiros potenciais para a comunidade, derivados do manejo da fauna e a criação de incentivos para que as comunidades manejem a fauna e pratiquem a agricultura, conservando os ecossistemas naturais. Apesar desse "foco" do programa – no âmbito distrital – muitos membros das comunidades ainda percebem as autoridades distritais tão remotas e abstratas, quanto o governo federal. Muitas vezes, as decisões tomadas pelos conselhos não estimulam o senso de responsabilidade e o envolvimento das populações locais. O programa deveria envolver as comunidades em seu planejamento, organização e gestão, para não ficar centrado na distribuição de benefícios.

Além das dificuldades internas que o programa encontra, principalmente em ampliar efetivamente a participação e o envolvimento das comunidades locais, o Campfire enfrenta ainda um inusitado obstáculo: a pressão de organizações internacionais e do *lobby* conservacionista que são contra a utilização da fauna silvestre. Como a base do programa é a relação entre conservação e uso dessa fauna e uma das maiores fontes de renda das comunidades envolvidas no Campfire são os safáris, a conciliação com a idéia de mínima presença humana é impossível.

Esse programa é uma oportunidade para o Zimbábue resolver parcialmente, com manejo da fauna, turismo e retorno de benefícios para as comunidades, o conflito, já secular, causado pelo deslocamento e expropriação das comunidades rurais pelos poderes coloniais. Ao Campfire resta ainda dar o passo decisivo, a promoção da apropriação do manejo de fauna e de seus benefícios por comunidades que viveram durante anos sofrendo as conseqüências adversas da presença da fauna silvestre.

Fonte: McIvor, 1997.

É possível conciliar?

Apesar da adoção de novos modelos e da existência de muitas experiências visando a conciliação entre presença humana e conservação da biodiversidade, persiste a questão de se é possível, efetivamente, conciliar, ou se essa seria uma estratégia na linha do "melhor entregar os anéis para não perder os dedos". Em outras palavras, na impossibilidade de se ter todas as áreas sem populações humanas, o jeito é se conformar com isso e tentar salvar o que for possível. Essa questão possui várias facetas que devem ser examinadas. A primeira tem relação com a já mencionada escala dos processos biológicos, responsáveis pela manutenção da biodiversidade. A segunda, com a persistência das áreas protegidas a longo prazo. A terceira relaciona-se com a contraposição entre unidades vistas isoladamente e um efetivo sistema de áreas protegidas. E, por fim, uma quarta, conectada às outras três, que se refere aos padrões de uso dos recursos naturais fora das unidades e ao exemplo do que as áreas protegidas podem vir a se tornar. Elas serão analisadas separadamente.

Os processos que mantêm a biodiversidade nas áreas protegidas ocorrem numa escala que ultrapassa essas áreas. Assim, os modelos que conciliam áreas de proteção integral com áreas com outras funções podem regular o uso da terra e dos recursos naturais em porções maiores do território. Ao invés de unidades de conservação perdidas – e às vezes naufragando – em um mar de degradação, obtém-se uma vasta área protegida, com maiores possibilidades de preservação dos processos biológicos. Evidentemente, e as experiências práticas mostram isso freqüentemente, o uso racional dos recursos naturais não é algo comum, sendo difícil a implementação efetiva desse tipo de área protegida. Ainda assim, há experiências promissoras. Sob essa faceta, parece possível conciliar conservação da biodiversidade e populações humanas, e mais, essa conciliação parece desejável.

A persistência das áreas protegidas a longo prazo, fundamental se as formas predatórias de uso da terra e dos recursos naturais continuarem, depende fortemente das comunidades que vivem em seu interior ou em suas circunvizinhanças. Defender as unidades de conservação das populações, além de caro, é insustentável a longo prazo. A conciliação aumenta as chances de as áreas protegidas persistirem.

Se a questão da conciliação fosse colocada no âmbito de uma única área, uma unidade de proteção integral e uma população que faz uso dos seus recursos dessa área, a conciliação seria bastante difícil. Se, no entanto, a questão for examinada à luz de um sistema de unidades de conservação, onde há diversas categorias de unidades, a possibilidade de um zoneamento democrático e participativo das unidades e espaços de negociação, a conciliação se torna mais fácil. Um dos argumentos mais freqüentemente usado contra a permanência de populações humanas em áreas onde se quer conservar a biodiversidade é o uso futuro que essas populações farão dos recursos naturais. Por exemplo, em um capítulo intitulado "*The **problem** of people in parks*" (o **problema** das pessoas nos parques, destaque meu), Terborgh e Peres (2002) consideram a questão uma "bomba de tempo", argumentando que o uso que as populações humanas fazem dos recursos naturais das áreas protegidas tende a aumentar, pois não seria justo restringir seu acesso à tecnologia e isso conduziria a um aumento considerável do impacto dessas populações. Não há dúvida de que se trata de um excelente argumento, ainda mais combinado com o reconhecimento dos problemas envolvidos na realocação de populações humanas para transformar a questão da conciliação em um verdadeiro "problema". A "solução" oferecida por esses autores é a diminuição das taxas de natalidade das populações tradicionais, para reduzir o número de pessoas nas unidades de conservação e minimizar seu impacto futuro. Diante disso, não é possível evitar, entre muitas outras, as seguintes perguntas: por que não pregar uma redução das taxas de natalidade de toda a população humana? Por que não defender a diminuição da pressão global sobre os recursos naturais? Por que não pregar uma diminuição do consumo mundial? Por que não exigir que os benefícios oriundos da biodiversidade sejam mais bem distribuídos, de forma a evitar que as populações tradicionais sejam tão carentes e marginalizadas? Em suma, por que essas populações devem ser, mais uma vez, as sacrificadas, as que devem sofrer restrições? Se colocarmos a questão da possibilidade de conciliação dentro de outra escala – considerando os múltiplos usos das diferentes categorias de áreas protegidas – talvez seja possível respostas e perguntas mais justas. Persistem, evidentemente, as dificuldades relacionadas com o uso racional dos recursos naturais, mas o crescimento de instrumentos de educação e de participação fornece novas perspectivas e esperanças.

A última faceta a ser examinada aqui é a idéia de que a conciliação entre conservação e uso da biodiversidade pode fornecer um novo paradigma de desenvolvimento para a totalidade de ambientes, e não apenas para aqueles abarcados por áreas protegidas. Enquanto o uso da terra e dos recursos naturais continuar a ser tão intenso e insustentável quanto atualmente, as áreas protegidas estarão ameaçadas. Na conciliação – apesar de trabalhosa – da manutenção da biodiversidade com o seu uso pelas populações humanas, combinada com um zoneamento consistente, reside a esperança de uma transformação maior da forma humana de "conviver" com o meio ambiente.

Em suma, não se pode perder de vista as relações que as áreas protegidas têm com as paisagens e ecossistemas onde estão inseridas e com o uso que se faz deles. Acreditar que as áreas protegidas manterão a diversidade biológica, se desconectadas de seu ambiente externo, é ignorar a escala dos processos biológicos. Acreditar que essas áreas poderão conservar os processos biológicos desconectadas das comunidades locais é ignorar a dimensão humana das políticas de conservação de biodiversidade, equiparando-as às políticas tecnocratas de desenvolvimento, voltadas apenas para as elites que são, na maioria dos casos, as maiores predadoras dos meio ambiente.

Vale lembrar que o modelo de conservação que exclui as populações humanas foi concebido com base numa visão estática dos ecossistemas. Com a maior compreensão das transformações dos ecossistemas, do papel dos distúrbios (ver capítulo 3) e da complexidade dos processos ecológicos, a extensão da influência humana sobre as paisagens que vemos hoje fica mais evidente e passa a integrar os novos modelos de conservação da biodiversidade.

Conservação como possibilidade de transformação social

Com a emergência desses novos modelos, a conservação da biodiversidade adquiriu uma nova dimensão: a de agente de transformação social. Os esforços de conservação passaram a ter que identificar e promover os processos sociais que permitem às comunidades locais conservar a biodiversidade como parte de seus modos de vida. As expressões ligadas à participação popular passaram a fazer parte da linguagem de muitas agências de desenvolvimento, desde organizações não-governamentais até instituições governamentais e bancos de desenvolvimento, porém há várias possíveis interpretações para esses termos. Durante o período do colonialismo, o manejo era coercitivo e as populações encaradas como impedimento para a conservação. Até os anos 1970, a participação era vista como uma forma de se conseguir a submissão voluntária das populações ao modelo de áreas protegidas. Durante a década de 1980, participação passou a ser equivalente a estimular o interesse pela proteção dos recursos naturais. E, nos anos 1990, a participação passou a ser compreendida como o envolvimento das populações locais no manejo das áreas protegidas. Como se vê, houve um reconhecimento crescente do papel-chave das comunidades locais na conservação da biodiversidade (Pimbert e Pretty, 1997).

Assim, conservacionistas e gestores de áreas protegidas – ao ter que lidar com as comunidades do entorno, com os membros dos conselhos e com os habitantes e usuários das unidades – passaram a ter que incorporar os processos participativos em suas atividades. Como a participação pode ser entendida de várias formas, nos discursos de certas agências de desenvolvimento que pouco têm de participativas, cabe examinar os diversos tipos de participação. A seguir, alguns desses tipos são descritos (Pimbert e Pretty, 1997):

- participação passiva – resume-se em relatar para os interessados o que está acontecendo ou o que acontecerá. É um anúncio unilateral da administração ou do gestor do projeto. A resposta das pessoas não é levada em conta e a informação pertence apenas aos profissionais;
- participação no fornecimento de informações – as pessoas participam respondendo a questionários formulados por pesquisadores ou por gestores do projeto. Elas não têm oportunidade de influenciar os procedimentos, já que os resultados dos questionários não são usados para balizar o projeto;
- participação por consulta – as pessoas são consultadas e agentes externos escutam suas opiniões. Esses agentes definem problemas e soluções que podem ser modificados à luz das respostas obtidas. Nesse caso, não há nenhum espaço para o compartilhamento do processo de tomada de decisões e não há obrigação de se levar as respostas em conta;
- participação por incentivos materiais – as pessoas participam provendo recursos, como trabalho em troca de alimentos, dinheiro ou outros incentivos materiais. Muito das pesquisas feitas no campo e da bioprospecção cai nessa categoria, pois as comunidades locais provêem os recursos, mas não estão envolvidas na experimentação, nem no processo de aprendizagem. É muito comum chamar esse procedimento de participação, mas, quando o incentivo acaba, as atividades cessam;
- participação funcional – as pessoas participam criando grupos para atender determinados objetivos preestabelecidos relacionados com o projeto, o que pode

envolver o desenvolvimento ou a promoção de uma organização social iniciada externamente. Esse envolvimento, em geral, não está presente nas fases iniciais do projeto e sim após decisões significativas tomadas. Essas organizações tendem a ser dependentes da iniciativa e da facilitação externa, mas podem tornar-se auto-suficientes;

- participação interativa – as pessoas participam em análises conjuntas que conduzem aos planos de ação e à formação e fortalecimento dos grupos locais. Isso envolve metodologias interdisciplinares que buscam múltiplas perspectivas e fazem uso de processos de aprendizado sistemáticos e estruturados. Os grupos locais se apropriam das decisões locais e, portanto, sentem-se mais motivados a manter as estruturas e práticas;
- automobilização – as pessoas participam tomando iniciativas para mudar o sistema de forma independente das instituições externas. A automobilização e a ação coletiva podem desafiar a distribuição desigual de riquezas e poder.

É interessante notar que, apesar de reconhecer a participação como algo desejável e com potencial de tornar a gestão das áreas protegidas mais eficiente, vários dos órgãos gestores de unidades de conservação temem uma verdadeira participação nos moldes da automobilização descrita acima. A participação seria desejável apenas dentro de certos limites controláveis. De qualquer maneira, muitos métodos e enfoques participativos têm sido desenvolvidos, a ponto de ter se tornado difícil imaginar a conservação de áreas protegidas sem o envolvimento dos atores locais.

Apesar do grande potencial da participação, há muitas dificuldades: as diferenças culturais e de perspectiva entre conservacionistas e comunidades locais são grandes, e a acomodação das distintas prioridades dos diversos atores com a política local e a realidade econômica é trabalhosa. O respeito às estruturas sociais locais pode, em alguns casos, ser desafiado por processos de tomada de decisão nas comunidades que marginalizam mulheres, determinadas classes ou castas ou outros grupos, tornando o cenário ainda mais complexo (Colchester, 1997).

Ainda assim, a construção de uma participação efetiva e o respeito à cultura das comunidades locais podem trazer benefícios para a conservação e para essas comunidades. Um exemplo envolvendo projeto do Banco Mundial no Quênia ilustra essas afirmações. Trata-se de um projeto para criar benefícios compensatórios para os Maasai, pelo estabelecimento do Parque Nacional Amboseli em terras tradicionalmente usadas para o pastoreio de seu gado. O parque proibiu o acesso dos Maasai aos locais de pastagem e aos bebedouros de água do gado na estação seca, comprometendo o seu modo de vida, que é baseado na criação de gado. Os conflitos emergiram e os Maasai começaram a mostrar seu ressentimento ferindo leões, rinocerontes e outros animais. Com o projeto, a área-núcleo do parque continuou inacessível para os Maasai, mas foram estabelecidos bebedouros para o gado no entorno no parque. Outros benefícios foram prometidos, como o pagamento de uma taxa de compensação pela perda do acesso, o desenvolvimento do turismo fora do parque e a partilha dos *royalties*, advindos da entrada no parque, para a construção de uma escola e de um posto de saúde. O projeto começou a sair dos trilhos em 1981, quando o suprimento de água começou a se deteriorar, as taxas de compensação não foram pagas, a escola foi alocada em um local inadequado, pouco turismo foi desenvolvido fora do parque e os *royalties* não foram partilhados. O resultado é que os conflitos persistem e os Maasai continuam entrando no parque para dar de beber ao seu gado. Tal situação se deve, aparentemente, ao fato de que, ao contrário da Reserva Maasai Mara, onde os Maasai foram efetivamente envolvidos nos processos de tomada de decisão, em Amboseli, as atividades desenvolvidas causaram a ruptura do sistema tradicional de autoridade. Uma declaração de um Maasai, ao saber que o diretor do Serviço de Vida Selvagem do Quênia recomendava que eles criassem menos gado e ganhassem mais dinheiro com o turismo, mostra que o caminho não é a substituição das atividades tradicionais pelas de conservação. Ele diz (Colchester, 1997):

> Sabemos que se pode ganhar dinheiro com o turismo. Já há turistas ficando em nossas terras em acampamentos. E, sim, eles nos trazem uma renda. Nós não precisamos que o Serviço de Vida Selvagem do Quênia nos diga isso. Mas diga ao diretor que nós não desejamos ser dependentes dos turistas. Nós somos Maasai e queremos criar gado. Se pararmos de ter gado e dependermos dos turistas, estaremos arruinados quando os turistas pararem de vir.

Outros exemplos mostram como a participação pode transformar a gestão de uma área. O caso de Madhya Pradesh, na Índia, mencionado como uma região de conflito, é significativo. Por meio da organização, fortalecimento e participação das comunidades locais, que formaram comitês de proteção florestal, foram estabelecidas regras locais de uso para os recursos naturais, com sanções para os infratores, sejam eles membros das comunidades ou guardas florestais. Os benefícios foram múltiplos: melhoria da produtividade agrícola, redução da caça ao elefante e a outros animais, mudanças nas relações entre as autoridades florestais e as comunidades e a criação de organizações locais democráticas (Pimbert e Pretty, 1997). Ainda na Índia, relativo sucesso vem sendo obtido nos esforços de conservação da biodiversidade e redução da pobreza na Reserva de Tigres Periyar, como parte do Projeto de Ecodesenvolvimento da Índia. Por meio da participação das comunidades e das oportunidades de desenvolvimento geradas pelo projeto, as relações com as populações locais melhoraram e se conseguiu apoio para lidar com as questões que ameaçam a biodiversidade da reserva, como caça, retirada excessiva de lenha e controle das peregrinações anuais (Unyal e Zacharias, 2001).

Outro caso interessante é o dos parques nacionais Kakadu e Gurig, na Austrália. Essas áreas, de ocupação tradicional dos aborígenes, foram transformadas em parques depois de um acordo de co-gestão entre o governo e os aborígenes. Apesar de eles não estarem ainda completamente envolvidos no planejamento e gestão dos parques, o interesse e o respeito dos funcionários têm fomentado boas relações e há uma tendência de aumento do controle por parte dos aborígenes, à medida que são instituídas interações mais formais e estruturadas (Colchester, 1997).

No Brasil também há casos interessantes, como o processo participativo de confecção do Plano de Manejo do Parque Nacional do Jaú, no estado do Amazonas. Nesse processo, os moradores do parque fizeram mapas que representavam seu uso dos recursos naturais e que serviram de base para o zoneamento. Apesar de representar um grande avanço, o grau de participação da comunidade no processo de tomada de decisão ainda foi incipiente. No momento, a Fundação Vitória Amazônica,[20] organização não-governamental que vem trabalhando nessa área desde 1991 e é responsável pelo plano de manejo, está capacitando os moradores do parque para o processo de tomada de decisão relativo ao termo de compromisso que eles devem assinar com o órgão gestor do parque, o Ibama, para sua permanência na unidade, até que, de acordo com a legislação, existam condições para o reassentamento.

A formação do conselho do Parque Nacional da Serra do Divisor, no Acre, também é um exemplo interessante de crescente participação. Esse conselho, que agrega cerca de 35 membros – representantes de prefeituras municipais, lideran-

---

[20] <www.fva.org.br>.

ças indígenas, extrativistas, comunidades locais e organizações não-governamentais que trabalham na área, entre outros –, tem passado por diversos processos de capacitação para a consolidação de um processo participativo. Além de atividades no local das reuniões, os conselheiros têm tido a oportunidade de visitar outras unidades de conservação. É interessante notar que a confiança e o desejo de participar do conselho cresceram muito depois que uma autoridade ligada à Previdência Social foi convidada e compareceu a uma reunião para resolver questões referentes à aposentadoria de vários membros e de outras pessoas em suas comunidades. As pessoas já haviam tentado individualmente resolver essas questões, sem sucesso. O êxito por meio do conselho mostrou a força que este pode ter na região. O caso da serra do Divisor, entretanto, não é a regra, pois a grande ênfase que se dá à capacitação deve-se ao fato de o conselho dessa unidade fazer parte do Programa de Apoio ao Desenvolvimento Institucional e Sustentável (Padis), desenvolvido pelo Instituto Internacional de Educação do Brasil,[21] uma organização não-governamental.

O grande desafio não se resume a projetos que integrem áreas protegidas e populações locais, mas, sim, em lograr o engajamento de indivíduos e organizações que possam criar a atmosfera social, econômica, legal e institucional que assegurem a proteção da biodiversidade (Wells e Brandon, 1992). A Convenção sobre Diversidade Biológica, ao se erguer sobre os pilares da conservação da biodiversidade, de seu uso e da repartição dos benefícios oriundos de sua utilização, consolidou a concepção de que somente a integração entre o engajamento e a participação das comunidades locais e as estratégias científicas de conservação poderão assegurar o futuro da biodiversidade.

Para saber mais

Sobre os conflitos envolvendo populações locais e áreas protegidas

São várias as fontes interessantes sobre o tema. O livro *Social change & conservation*, editado por Krishna Ghimire e Michael Pimbert, em 1997, e publicado pela Earthscan, traz vários capítulos com estudos de caso de países europeus como a França e a Alemanha e outros como Índia, Zimbábue, África do Sul, Canadá, China e Costa Rica. Particularmente interessante é o capítulo que forne-

[21] <www.iieb.org.br>.

ce um panorama sobre a questão, "Salvaging nature: indigenous peoples and protected areas", escrito por Marcus Colchester e também o capítulo de Michael Pimbert e Jules Pretty sobre a participação das comunidades nas áreas protegidas. Outra fonte interessante que trata de projetos integrados de conservação e desenvolvimento, muitos deles em áreas de conflitos históricos, é a publicação conjunta, de 1992, do Banco Mundial, WWF e Usaid, intitulada *People and parks: linking protected area management with local communities*, de autoria de Michael Wells e Katrina Brandon e colaboração de Lee Hannah. A publicação traz estudos de caso da África, Ásia e da América Latina e uma boa compilação de lições e recomendações por tema.

Sobre o conhecimento da biodiversidade das populações tradicionais

O livro *Biodiversidade na Amazônia brasileira*, cuja organização foi coordenada por João Paulo Capobianco e co-editado pela Estação Liberdade e pelo Instituto Socioambiental, em 2001, traz um artigo intitulado "Populações tradicionais e biodiversidade na Amazônia: levantamento bibliográfico georreferenciado", da autoria de Antônio Carlos Diegues, Geraldo Andrello e Márcia Nunes. O artigo traz uma vasta relação de publicações que tratam do tema. Há, ainda, entre os volumes da série Biodiversidade, do Ministério do Meio Ambiente, o volume 4, intitulado *Saberes tradicionais e biodiversidade no Brasil*, organizado por Antônio Carlos Diegues e Rinaldo Arruda, e publicado em 2001. Outra publicação interessante é a *Enciclopédia da floresta*, organizada pelos antropólogos Manuela Carneiro da Cunha e Mauro Barbosa de Almeida, e publicada em 2002 pela Companhia das Letras. O livro trata dos conhecimentos tradicionais e das populações do Alto Juruá no Acre, abordando, inclusive, questões derivadas da altíssima biodiversidade presente nessa região.

Sobre as sobreposições entre terras indígenas e unidades de conservação

Um livro lançado em 2004 pelo Instituto Socioambiental, organizado por Fany Ricardo e intitulado *Terras indígenas e unidades de conservação da natureza: o desafio das sobreposições*, traz a descrição de vários casos de sobreposição e um conjunto de artigos sobre o tema.

5

Questões emergentes

Soluções e desafios

Neste início de século, muitas questões se colocam para as áreas protegidas. Algumas delas podem trazer soluções para velhos problemas, como o da sustentabilidade financeira das unidades de conservação. Por outro lado, essas questões também trazem novos desafios. Discutiremos algumas delas a seguir, mostrando como oferecem soluções e também novos desafios.

Vale notar que muitas dessas questões passam pela atribuição de preços a elementos da biodiversidade, como o pagamento por serviços ambientais e o uso de recursos genéticos pela indústria de biotecnologia. Para evitar que no futuro tudo tenha um preço, sendo suficiente pagá-lo para dispôr do bem ou do direito sobre ele, uma reflexão sobre a intensa *comodificação*[22] dos elementos da biodiversidade faz-se pertinente. Tal questão será um dos maiores desafios para as áreas protegidas no século XXI, principalmente considerando sua manutenção a longo prazo.

Remuneração de serviços ambientais

Umas das mais sensíveis questões na gestão das áreas protegidas é sua sustentabilidade financeira a médio e longo prazos. Muitas estratégias têm sido tentadas na busca de uma solução e uma das mais promissoras é o pagamento pelos

---

[22] Trata-se da idéia de transformar tudo em *commodities*, ou seja, artigos em estado bruto passíveis de ser comercializados.

serviços ambientais gerados pela área protegida. Como já mencionado, o valor desses serviços pode ser calculado por meio de uma avaliação de quanto custaria sua substituição. Por outro lado, uma das dificuldades dessa estratégia é que o valor desses serviços, embora essenciais para a civilização, é obscurecido pela vida urbana moderna (Daily, 1997).

Uma lista, não exaustiva, somente a título de exemplo, de serviços ambientais reflete bem essa situação:

- purificação do ar e da água;
- mitigação de enchentes e secas;
- desintoxicação e decomposição de dejetos;
- geração e renovação do solo e de sua fertilidade;
- polinização de culturas agrícolas e da vegetação natural;
- controle da maioria das potenciais pragas agrícolas;
- dispersão de sementes e translocação de nutrientes;
- manutenção de biodiversidade,
- proteção dos prejudiciais raios solares ultravioleta;
- estabilização parcial do clima;
- moderação de temperaturas extremadas e da força de ventos e ondas.

É fácil concordar com a importância desses serviços se examinamos a lista, mas dificilmente as pessoas se lembram deles no coditiano. Como bem diz Gretchen Daily, "quem pensa na parte do ciclo de carbono que conecta ele ou ela às plantas do jardim, ao plâncton do Oceano Índico ou a Júlio César?" Apesar disso, notados ou não, esses serviços são essenciais para a existência humana. Se o ciclo de vida dos predadores que controlam grande parte das pragas agrícolas for interrompido, dificilmente os pesticidas poderão controlá-las. Se os processos de polinização de plantas de importância econômica cessam, as conseqüências sociais e econômicas podem ser graves. Se o ciclo do carbono é comprometido, uma rápida mudança climática pode ameaçar a existência das sociedades humanas. Ou seja, em geral, falta aos seres humanos conhecimento e habilidades para substituir esses e outros serviços ambientais (Daily, 1997).

Parte desses serviços pode ser assegurada pela manutenção de sistemas eficientes de áreas protegidas. Um exemplo de fácil percepção é a contribuição das áreas protegidas na manutenção da qualidade da água captada dentro delas. A própria Lei do Sistema Nacional de Unidades de Conservação, em seu art. 47, reconhece essa contribuição estipulando que o órgão ou empresa, público ou privado, responsável pelo abastecimento de água ou que faça uso de recursos hídricos, beneficiário da proteção proporcionada por uma unidade de conservação, deve contribuir financeiramente para a proteção e implementação da unidade, de acordo com o disposto em regulamentação específica.

A começar pela questão da água, várias áreas protegidas já iniciaram um processo de valoração de seus serviços ambientais e de estudos sobre as possíveis formas de remuneração por tais serviços.

Seqüestro de carbono

A perspectiva de mudanças climáticas e seus possíveis impactos têm sido preocupação de muitos governos e sociedades. O seqüestro de carbono foi lançado, no início dos anos 1990, na Convenção Quadro de Mudanças Climáticas, como um instrumento de flexibilização dos compromissos de redução de gases de efeito estufa dos países com metas de redução. Trata-se de uma modalidade do Mecanismo de Desenvolvimento Limpo (MDL) do Protocolo de Kyoto, com a finalidade de diminuir o ritmo do aquecimento global. Esses projetos envolvem, em geral, empresas transnacionais com emissões significativas nos países desenvolvidos que os financiam, visando obter créditos de carbono para compensar parte das emissões em seus países e, por outro lado, empresas, sociedade civil e governos de países em desenvolvimento interessados em abrigar esses projetos. Os projetos, dentro do MDL, além de envolverem seqüestro de carbono, devem contribuir para o desenvolvimento sustentável do país onde é executado. Para tanto, em cada país, há uma autoridade local que constrói critérios para a classificação dos projetos que surgem e aprova os projetos. No Brasil, esse papel cabe ao Ministério de Ciência e Tecnologia.

Entre os projetos de seqüestro de carbono no Brasil, um chama atenção por seu vínculo com o tema das áreas protegidas e como uma possibilidade nova de sustentabilidade econômica. Trata-se do Projeto Ação Contra o Aquecimento Global, desenvolvido pela Sociedade de Pesquisa em Vida Selvagem e Educação Ambiental (SPVS), na Área de Proteção Ambiental (APA) de Guaraqueçaba, no Paraná. Esse projeto conjuga objetivos de geração de créditos de carbono com conservação ambiental. Para a geração de créditos de carbono são desenvolvidas atividades de reflorestamento e restauração florestal que devem gerar, em 40 anos, aproximadamente 1 milhão de toneladas de carbono. No que tange à conservação, o projeto recompõe e protege as áreas degradadas da APA, evitando maior perda de biodiversidade (Yu, 2004).

Há, no entanto, fatores limitantes para a aplicação do MDL em projetos ligados às áreas protegidas. O principal deles é que não são aceitos projetos de manejo e conservação, mas somente projetos de reflorestamento e aflorestamento, ainda assim, de forma limitada.

Acesso aos recursos genéticos em áreas protegidas

A bioprospecção nas áreas protegidas tem sido vista como uma oportunidade de sustentabilidade dessas áreas. Há, efetivamente, alguns exemplos de recursos coletados em áreas protegidas que se transformaram em produtos bastante rentáveis. Esse é o caso do medicamento Sandimmun Neoral, um imunossupressor feito à base de ciclosporina, comercializado pela Novartis. Ele foi o trigésimo terceiro medicamento mais vendido no mundo, em 2000, rendendo US$1,2 bilhão. A amostra de solo que deu origem a tais rendimentos veio do Parque Nacional Hardangervidda, na Noruega, e foi coletada em 1969 por um pesquisador da Sandoz[23] que, após descobrir as propriedades da ciclosporina, lançou o Sandimmun no mercado (Svarstad et al., 2002). Outro exemplo é o termófilo *Thermus aquaticus*, coletado em 1966, por pesquisadores acadêmicos, nas fontes termais do Parque Nacional de Yellowstone, nos Estados Unidos. Em 1984, isolou-se desse organismo a enzima DNA polimerase, *Taq polimerase*, que vem sendo usada em diversas aplicações de biotecnologia, com vendas anuais de mais de US$200 milhões (Kate et al., 2002).

Existem casos de acordos mais amplos, como o do Instituto Nacional de Biodiversidade (Inbio) da Costa Rica, estabelecido, pelo governo do país, como instituição privada sem fins lucrativos para ajudar na conservação, estudo e uso da biodiversidade costa-riquenha. Por aquele acordo, cerca de 10% do valor de todos os projetos do Inbio são destinados às áreas de conservação do país, bem como 50% de qualquer benefício financeiro advindo do desenvolvimento de produtos comerciais (Laird e Lisinge, 2002).

No entanto, para que a bioprospecção traga benefícios para as áreas protegidas, bem como para as comunidades locais, vários aspectos devem ser consi-

[23] A Sandoz, após a fusão com outra companhia farmacêutica, a Ciba Geigy, em 1996, tornou-se a Novartis.

derados. O primeiro refere-se à existência de um arcabouço legal que garanta a repartição de benefícios derivados do uso dos recursos genéticos, como disposto na Convenção sobre Diversidade Biológica. O segundo trata da estrutura existente nas unidades de conservação para lidar com o interesse em acessar recursos genéticos. Além do preparo, por parte dos gestores das áreas, para lidar com a questão e suas implicações, deve haver controle para que a coleta se resuma ao que foi autorizado. Um terceiro aspecto, de extrema relevância, é a eventual existência de conhecimento tradicional associado aos recursos genéticos que se deseja acessar. Trata-se do conhecimento acumulado das comunidades locais e povos indígenas sobre o uso e manejo da biodiversidade. Nesse caso, todo um procedimento de consentimento prévio informado[24] e de discussão detalhada dos instrumentos de repartição de benefícios deve ser posto em prática. O quadro 16 revela que, apesar de ter sua importância reconhecida, ainda não existem mecanismos claros de proteção aos conhecimentos tradicionais. A seguir examinamos os três aspectos mais a fundo.

A existência do marco legal é quase que uma precondição para a realização de bioprospecção em áreas protegidas. Um recente relatório da Universidade das Nações Unidas (Laird et al., 2003) enumera algumas recomendações para lidar com a questão do acesso aos recursos genéticos e a repartição justa e eqüitativa dos benefícios advindos de seu uso[25] nas áreas protegidas:

- a legislação que trata de acesso e repartição de benefícios deve fazer provisões específicas para as áreas protegidas e, dentro desse marco, os gestores de áreas protegidas devem instituir uma política de acesso e repartição de benefícios, que deve considerar elementos como a distinção entre pesquisa acadêmica e fins comerciais; o papel das comunidades locais; a relação entre essa política e a legislação nacional sobre o tema; e a natureza altamente política e controversa da bioprospecção;
- capacitar os gestores das áreas protegidas para questões ligadas ao acesso e repartição de benefícios;
- estruturas institucionais devem ser estabelecidas para lidar com essa questão;

---

[24] Processo pelo qual as comunidades detentoras do conhecimento tradicional são consultadas sobre o acesso e uso desse conhecimento, dando ou não seu consentimento voluntário, após estarem informadas dos riscos, benefícios e implicações desse acesso.
[25] Essa é a linguagem adotada pela Convenção sobre Diversidade Biológica.

- os gestores das áreas protegidas devem buscar ativamente o retorno dos benefícios para a unidade de onde saíram os recursos genéticos. Sugere-se que as áreas protegidas, como fontes originais dos recursos, sejam beneficiárias de todos os acordos comerciais envolvendo acesso e repartição de benefícios;
- a questão do acesso e repartição de benefícios deve integrar os planos de manejo das áreas protegidas, especialmente quando são transfronteiriças;
- os responsáveis pelas áreas protegidas devem garantir abertura e transparência para parceiros e para a sociedade, quando da negociação de acesso e repartição de benefícios com finalidade acadêmica ou comercial;
- mecanismos para gerir os benefícios financeiros da bioprospecção, como fundos de conservação, devem ser estabelecidos;
- informação e capacitação de comunidades locais e povos indígenas para que participem ativamente das estratégias de acesso e repartição de benefícios.

Diante da complexidade envolvida na questão do acesso e repartição de benefícios advindos do uso dos recursos genéticos, a maior parte das legislações nacionais e regionais não trata dessa questão no âmbito das áreas protegidas. Por exemplo, a Decisão 391, do Pacto Andino, "Regime Comum de Acesso aos Recursos Genéticos", possui apenas uma menção às áreas protegidas, assinalando que no caso de acesso nessas áreas, se cumprirá o disposto na Decisão e nas legislações nacionais específicas. No Peru, membro do Pacto Andino, o Plano Diretor para Áreas Protegidas Naturais, uma espécie de lei do Snuc local, contempla a questão do acesso e repartição de benefícios, estabelecendo os requisitos necessários para a pesquisa acadêmica e para a comercial nas áreas protegidas. O acesso está sujeito aos objetivos da área, seu plano de uso e seu plano de manejo (Ruiz, 2002).

Na África do Sul, apesar de um amplo conjunto de unidades de conservação e de seu longo engajamento nas atividades de bioprospecção, a regulamentação da questão do acesso e repartição de benefícios nas áreas protegidas ainda é incipiente. A legislação nacional sobre acesso e repartição de benefícios foi adotada em 1997, mas provou ser insuficiente. O agravante é que, apesar de novas leis estarem sendo elaboradas – o Ato Nacional de Biodiversidade e a nova lei de áreas protegidas – , não há ligação, nem legal nem institucional, entre acesso e repartição de benefícios e áreas protegidas (Wynberg, 2003).

Em Camarões, determinadas áreas protegidas nacionais estão adotando diretrizes e estabelecendo estruturas institucionais para lidar com a questão do acesso e repartição de benefícios. É o caso da floresta de Mont Kupe, onde um conjunto de normas para os pesquisadores visitantes foi desenhado, do Parque Nacional Waza, onde foi instituído um conselho científico para guiar a pesquisa, e do Parque Nacional Korup, onde foi criado um Comitê Técnico Científico para examinar as prioridades da pesquisa e orientar a assinatura de contratos entre instituições de pesquisa e o parque. Em Korup, esse procedimento vem responder a situações já acontecidas. Em 1987, o cipó *Ancistrocladus korupenis* foi coletado no parque pelos pesquisadores do Jardim Botânico do Missouri e do Centro para o Estudo de Plantas Medicinais em Yaoundé, para o Instituto Nacional do Câncer, dos Estados Unidos. Tanto os gestores do parque, como o governo, desconheciam o valor comercial da planta e suas implicações, o que criou uma confusão considerável quando foi identificada na amostra um promissor componente anti-Aids, a *michellamina B* (Laird e Lisinge, 2002).

No Brasil, a Medida Provisória nº 2.186-16/01 rege a questão do acesso e repartição de benefícios no país. Nessa MP, não há nenhuma menção às unidades de conservação, mas o órgão responsável pela gestão das áreas protegidas federais, o Ibama, tem assento no Conselho de Gestão do Patrimônio Genético, cuja função é regular, normatizar e autorizar o uso dos recursos genéticos no país. É possível que esse conselho venha a traçar normas específicas para o acesso e repartição de benefícios em unidades de conservação. É também possível que o arcabouço legal mude antes disso, pois no momento há um anteprojeto de lei, elaborado pelo próprio conselho, que, se aprovado, passaria a reger o acesso aos recursos genéticos no país, ao invés da medida provisória.

O aspecto da estrutura da unidade, incluindo o preparo dos gestores das áreas, é também complexo, uma vez que esses gestores já possuem uma infinidade de tarefas a desempenhar e, nem sempre, estão a par das questões e implicações do acesso aos recursos genéticos. Em geral, o "uso" dos recursos da unidade para a bioprospecção está muito distante do modelo de "uso" dos recursos naturais com o qual os gestores estão acostumados. Além disso, como as coletas iniciais causam pouco ou nenhum impacto à biodiversidade, muitas vezes é difícil para os gestores das áreas protegidas vislumbrarem as implicações desse acesso. As distinções entre a pesquisa acadêmica e a comercial estão cada vez mais difíceis e muitos pesquisadores de universidades e instituições de pesquisa desenvolvem projetos com empresas. Faz-se necessário, então, um controle das pesquisas realizadas nas unidades, sob pena de os recursos genéticos, originalmente acessados para fins acadêmicos, acabarem como parte de produtos comerciais sem que haja a devida repartição de benefícios.

Quadro 16
A proteção do conhecimento tradicional

A referência internacional básica para a proteção dos conhecimentos tradicionais é a Convenção sobre Diversidade Biológica, que reconhece, já em seu preâmbulo, a "estreita e tradicional dependência de recursos biológicos de muitas comunidades locais e populações indígenas com estilos de vida tradicionais". O art. 8º (j) estabelece que os países signatários devem "respeitar, preservar e manter o conhecimento, inovações e práticas das comunidades locais e populações indígenas com estilos de vida tradicionais relevantes à conservação e utilização sustentável da diversidade biológica", bem como "incentivar sua mais ampla aplicação com a aprovação e participação dos detentores desse conhecimento, inovações e práticas" e "encorajar a repartição justa e eqüitativa dos benefícios oriundos da utilização desse conhecimento, inovações e práticas".

Também a Agenda 21, que em seu capítulo 26 trata do "reconhecimento e fortalecimento do papel dos povos indígenas", estabelece, entre outras medidas a serem adotadas pelos governos nacionais a fim de assegurar aos povos indígenas maior controle sobre suas terras e recursos, "a adoção e o fortalecimento de políticas apropriadas e/ou instrumentos legais que protejam a propriedade intelectual e cultural indígena e o direito à preservação de sistemas e práticas de acordo com seus costumes".

A proteção à sociodiversidade, intrinsecamente associada à biodiversidade, é assegurada também pela legislação interna brasileira. Tanto os povos indígenas como as comunidades negras remanescentes de quilombos gozam de direitos territoriais e culturais especiais, assegurados constitucionalmente. A Constituição Federal protege as "manifestações das culturas populares, indígenas e afro-brasileiras, e das de outros grupos participantes do processo civilizatório nacional" (art. 215, § 1º), bem como a "diversidade e a integridade do patrimônio genético do país" (art. 225, § 1º, II). Assim, tanto a bio como a sociodiversidade estão protegidas pelo sistema jurídico brasileiro.

Entretanto, ainda não existe um sistema de proteção legal que eficazmente proteja os direitos de comunidades tradicionais – índios, seringueiros, ribeirinhos, agricultores etc. – que ao longo de várias gerações descobriram, selecionaram e manejaram espécies com propriedades farmacêuticas, alimentícias e agrícolas. A inexistência de tal proteção jurídica aos conhecimentos tradicionais associados à biodiversidade tem gerado as mais diversas formas de espoliação e de apropriação indevida. Entre os casos mais conhecidos, estão o patenteamento do *ayahuasca*, planta medicinal amazônica usada por diferentes comunidades indígenas e de alto valor espiritual para as mesmas, patenteada pelo norte-americano Loren Miller, e da *quinua*, uma planta de alto valor nutritivo e de utilização tradicional na alimentação de comunidades bolivianas e de outros países andinos, cuja patente foi concedida a dois professores da Universidade de Colorado, Duane Johnson e Sara Ward.

Fonte: Santilli, 2003.

O terceiro aspecto talvez seja o mais difícil de todos, pois o envolvimento de conhecimento tradicional exige procedimentos mais complexos e um controle maior. No caso das unidades de conservação, quando o acesso é realizado em unidades de uso sustentável, há boas chances de envolver conhecimento tradicional associado a recursos genéticos. Se o local da coleta for uma unidade de proteção integral, o conhecimento tradicional não está descartado, pois pode estar presente nas comunidades adjacentes à área protegida. No Brasil, a Medida Provisória nº 2.186-16/01, que dispõe sobre as questões de acesso e repartição de benefícios no país, trata também do acesso ao conhecimento tradicional. O Conselho de Gestão do Patrimônio Genético, supracitado, estabeleceu algumas resoluções no sentido de normatizar a questão e deixar explícito aos interessados no acesso ao conhecimento tradicional quais são os procedimentos a serem adotados.

Áreas protegidas transfronteiriças

Como as espécies, ecossistemas e paisagens não respeitam as fronteiras políticas, cada vez há mais unidades de conservação que estão em mais de um país. Essas unidades transfronteiriças congregam um esforço de coordenação e cooperação para o manejo e conservação da biodiversidade. Estimativas de 2001 revelam que havia, no mundo, 169 complexos de áreas transfronteiriças, envolvendo 666 unidades individuais. Essas áreas estão organizadas em uma variedade de arranjos institucionais e desempenham um importante papel promovendo a colaboração entre países.

Recentemente, esse papel vem crescendo e algumas áreas transfronteiriças têm ajudado a criar espaços de negociação em áreas de tensão e conflito armado. A cooperação para a conservação da biodiversidade fornece, por vezes, uma oportunidade neutra para o início da construção da confiança. Essas áreas, conhecidas como "parques para a paz", já estão sendo reconhecidas como uma importante categoria à parte. A IUCN define os "parques para a paz" como "áreas protegidas transfronteiriças, formalmente dedicadas à proteção e à manutenção da diversidade biológica e dos recursos naturais e culturais associados e à promoção da paz e da cooperação" (Mulongoy e Chape, 2003).

Apesar de, provavelmente, os parques para a paz terem pouco efeito isoladamente nas relações internacionais, a cooperação para a manutenção da biodiversidade pode se tornar um fator regional importante, estabelecendo interesses e identidades regionais, colocando em prática a rotina da comunicação internacional e reduzindo as possibilidades do uso da força (McNeely, 2002).

Conservação em terras privadas

A vasta maioria das áreas que deveriam ou poderiam ser conservadas está nas mãos de particulares. Para converter tais áreas em unidades de conservação, o poder público seria obrigado a adquiri-las, mediante desapropriação, e subseqüente indenização, para a qual, em geral, não há recursos. Se esse esforço de conservação for compartilhado com a sociedade, a possibilidade de sucesso é maior. Assim, as áreas protegidas e outras estratégias de conservação de biodiversidade em terras privadas se revelam importantes.

A primeira tentativa de regular a exploração das florestas brasileiras foi oriunda da Coroa portuguesa, alarmada com a voraz exploração do pau-brasil. Em 1605, com a intenção de controlar o corte, a Coroa limitou aos magistrados a autorização para o abate de árvores, criou a função de guardas florestais e estabeleceu a penalidade de morte para a extração ilegal de madeira (Dean 1995; Urban, 1998). No século anterior, a Coroa portuguesa havia entregado a exploração do pau-brasil a um grupo de comerciantes que extraíam cerca de 1.200 toneladas/ano da madeira. Porém, logo floresceu um lucrativo contrabando. Warren Dean estimou que, em 1588, passaram pela aduana portuguesa 4.700 toneladas de pau-brasil, o que seria cerca de metade do verdadeiro volume extraído.

Apesar dessa primeira tentativa de controle, a exploração da Mata Atlântica continuou intensa. No final do século XVIII, as cartas régias de 1796 e 1797 definiram medidas mais rigorosas de controle, declarando de propriedade da Coroa "todas as matas e arvoredos à borda da costa, ou dos rios que desemboquem imediatamente no mar e por onde as jangadas possam conduzir as madeiras cortadas, até a praia". Outra norma de 1800, que pode ser encarada como a primeira tentativa de limitar a exploração em terras privadas, obrigava os particulares a conservarem "as madeiras e paus reais" numa faixa de cerca de 60 km de largura, a partir da praia. Vale lembrar que a efetividade dessas medidas não foi significativa[26] e não houve instrumento legal que impedisse a conversão de grandes áreas de floresta em áreas de plantio de cana, algodão ou café.

Nas primeiras décadas do século XX, convencidos do potencial econômico das florestas, vários presidentes da República se preocuparam com a questão de

[26] Sobre as cartas régias, Urban (1998) ressalta que "as determinações das cartas régias jamais foram cumpridas, sobretudo porque 'a borda da costa' já fora concedida a particulares" e sobre as medidas de 1800 "autoriza-se, porém, o governador da capitania a permitir os cortes que fossem necessários ao consumo local".

disciplinar e controlar a exploração florestal. Em 1926, começou a funcionar o Serviço Florestal e subseqüentemente começaram os esforços que culminaram com o Código Florestal, em 1934, que dispõe sobre áreas públicas e particulares, com regras precisas sobre a guarda e o corte das florestas e penalidades para crimes e contravenções.

Esse dispositivo legal dividia as florestas em florestas protetoras, florestas remanescentes, florestas modelo e florestas de rendimento. Na figura da floresta protetora estava a primeira iniciativa de conservar florestas em propriedades privadas, no Brasil. Tais florestas, segundo o Código Florestal, tinham os seguintes objetivos.

> Art. 4º. Serão consideradas florestas protetoras as que por sua localização servirem, conjunta ou separadamente, para qualquer dos fins seguintes:
> a) conservar o regime das águas;
> b) evitar a erosão das terras pela ação dos agentes naturais;
> c) fixar dunas;
> d) auxiliar a defesa das fronteiras, de modo julgado necessário, pelas autoridades militares;
> e) assegurar condições de salubridade pública;
> f) proteger sítios que, por sua beleza natural, mereçam ser conservados;
> g) asilar espécimens raras da fauna indígena.

Essa possibilidade legal, entretanto, não era um ato de conservação voluntário. O código deixava isso bem claro:

> Art. 11. As florestas de propriedade privada, nos casos do art. 4º, poderão ser, no todo ou em parte, declaradas protetoras, por decreto do Governo Federal em virtude de representação da repartição competente ou do Conselho Florestal, ficando, desde logo, sujeitas ao regime deste Código e à observância das determinações das autoridades competentes, especialmente quanto ao replantio, à extensão, à oportunidade e à intensidade da exploração.

As florestas protetoras permaneciam sob domínio e posse de seus proprietários particulares, mas possuíam restrições de uso. Nesse aspecto, o Código Florestal era muito ousado, pois ao limitar o direito de propriedade, subordinando-o ao interesse coletivo, promovia uma revolução conceitual. Foi com esse entendimento, também, que o código estabeleceu a obrigação – conhecida hoje como reserva legal – de conservação de uma quarta parte da propriedade com a vegetação existente, no caso de propriedades cobertas por matas. Além disso, o código isentava as florestas protetoras de qualquer tributação, mesmo sobre a terra que ocupam. Assim, essas florestas, junto com as florestas remanescentes, eram consideradas inalienáveis e de conservação permanente. No entanto, a classificação das florestas desse Código Florestal – florestas protetoras, florestas remanescentes, florestas modelo e florestas de rendimento – causava grandes dificuldades, pois nem mesmos silvicultores experientes conseguiam fazer a distinção entre elas. Essa dificuldade foi uma das inspirações para o novo Código Florestal, que veio à luz em 1965 e classificou as florestas em apenas duas categorias: as florestas de preservação permanente e as demais florestas (Urban, 1998).

Com o advento desse novo Código Florestal, estabeleceu-se uma possibilidade para a proteção voluntária em terras privadas:

> Art. 6º. O proprietário da floresta não preservada, nos termos desta Lei, poderá gravá-la com perpetuidade, desde que verificada a existência de interesse público pela autoridade florestal. O vínculo constará de termo assinado perante a autoridade florestal e será averbado à margem da inscrição no registro público.

Esse artigo, porém, não foi regulamentado até 1990, quando da instituição da Reserva Particular do Patrimônio Natural, por meio do Decreto nº 98.914. Outras inciativas de conservação em terras privadas, entretanto, ocorreram nesse intervalo. Por exemplo, em 1977, o Instituto Brasileiro de Desenvolvimento Florestal (IBDF) editou a Portaria nº 327-P, criando os Refúgios de Animais Nativos, em resposta às reivindicações de proprietários do Rio Grande do Sul, interessados em evitar a caça em suas propriedades. Posteriormente, em 1988, essa portaria foi substituída pela de nº 217, criando as Reservas Particulares de Flora e Fauna. Algumas dezenas de refúgios e reservas foram estabelecidas durante esses anos, mesmo sem nenhum incentivo governamental (Wiedmann, 1997).

Nesse interregno, a sociedade civil também tomou iniciativas para o estabelecimento de reservas para a conservação da natureza em terras particulares. A Fundação Pró-Natureza (Funatura),[27] uma organização não-governamental sediada em Brasília instituiu, em 1987, um programa para a criação de Santuários de

---

[27] <www.funatura.org.br>.

Vida Silvestre. Essa categoria de área protegida não constava do sistema de unidades de conservação do país e consistia em áreas pequenas, destinadas, em geral, à proteção de determinadas espécies ou comunidades de flora e fauna. A Funatura estabeleceu critérios para a criação dessas áreas, bem como para sua conservação.

Na Mata Atlântica, durante a expansão da fronteira agrícola e urbana no século XX, surgiu um número incalculado de reservas privadas e sob o controle de empresas estatais. Originalmente, muitas dessas áreas haviam sido destinadas, pelos seus proprietários, a garantir um suprimento de madeira ou a funcionar como reservas de caça. Uma parte pequena, entretanto, mantinha a cobertura florestal por vontade de conservar a natureza. Alguns desses proprietários contavam com o apoio de organizações ambientalistas para preservar suas florestas. Essas organizações apoiavam investindo diretamente, canalizando recursos estrangeiros para tal fim ou comprando as terras (Dean, 1995).

Reservas particulares do patrimônio natural

Em 1990, com o intuito de regulamentar o art. 6º do Código Florestal, foi promulgado o Decreto nº 98.914, criando a figura da Reserva Particular do Patrimônio Natural. Em 1996, um novo Decreto, nº 1.922/96, ainda em vigor, passou a reger as Reservas Particulares do Patrimônio Natural. Segundo esse decreto, a RPPN é

> área de domínio privado a ser especialmente protegida, por iniciativa de seu proprietário, mediante reconhecimento do Poder Público, por ser considerada de relevante importância, pela sua biodiversidade, ou pelo seu aspecto paisagístico, ou ainda por suas características ambientais que justifiquem ações de recuperação.

E, no ano 2000, a lei do Snuc passou a considerar esse tipo de reserva uma unidade de conservação, parte integrante do sistema nacional.

Apesar de significativa, a área protegida por RPPNs ainda é pequena diante do potencial de conservação de biodiversidade em terras privadas. As limitações oriundas da falta de recursos humanos e materiais para as RPPNs, bem como das restrições de uso impostas pela legislação vigente são, em parte, responsáveis por esse cenário. A seguir algumas dessas questões, relativas à criação e à implementação das RPPNs são analisadas.

O processo de criação de RPPNs

A criação de uma RPPN é um ato voluntário do proprietário, que pode destinar, assim, sua propriedade ou parte dela à conservação da biodiversidade. Para que isso chegue a acontecer em uma escala significativa, no entanto, são necessários alguns passos: o proprietário precisa conhecer o programa de RPPNs; este deve parecer interessante ao proprietário, em termos de incentivos e benefícios e, por fim, os trâmites burocráticos não podem ser muito complicados, para que o proprietário não se sinta desestimulado. Assim, um programa eficiente para a criação de RPPNs deve possuir, entre outros requisitos, uma boa divulgação, trâmites simples e benefícios considerados atraentes. A situação atual desses requisitos é examinada a seguir:

- divulgação – o programa de RPPNs federais, atualmente, não possui uma estratégia de divulgação positiva e enfrenta, ainda que incipiente, uma divulgação negativa por parte de proprietários insatisfeitos diante da morosidade do processo de criação e da falta de apoio recebida na implementação das RPPNs. Há também pouca divulgação das experiências já concretizadas, tanto de criação, como de implementação das reservas;
- documentação – o proprietário interessado em criar uma RPPN deve apresentar cópias autenticadas de título de domínio, com matrícula no cartório de registro de imóveis competente; cédula de identidade do proprietário, quando se tratar de pessoa física; ato de designação de representante quando se tratar de pessoa jurídica; quitação do imposto sobre a propriedade territorial rural (ITR) e plantas de situação indicando os limites, os confrontantes, a área a ser reconhecida e a localização da propriedade no município ou região. Esse conjunto de documentos, bastante simples, revela-se, por vezes, um entrave insuperável para o proprietário. O título de domínio, ou seja, o documento que revela a situação fundiária legal do interessado, é o maior problema. Muitos proprietários não possuem tal documento e, mesmo quando o possuem, não há garantias sobre a titulação da propriedade, uma vez que vários estados brasileiros possuem áreas que apresentam mais de um registro fundiário. Essa situação, além de limitar os proprietários aptos a fazerem parte do programa de RPPNs, faz com que o Ibama seja obrigado a realizar pesquisas sobre os títulos apresentados, com o intuito de se certificar de sua veracidade e sua unicidade. Evidentemente, essa obrigação acaba por atrasar a tramitação dos processos na instituição;

- aspectos desencorajadores – obrigação de perpetuidade, que é como a parte da propriedade reconhecida como RPPN deve ser gravada. Muitos proprietários se sentem desestimulados, pelo receio de ter necessidade de dispor da área para outros fins no futuro; restrições do uso da terra no interior das RPPNs, ou seja, essas reservas só podem ser utilizadas para o desenvolvimento de atividades de cunho científico, cultural, educacional, recreativo e de lazer; incentivos insuficientes, pois os incentivos e benefícios concedidos ao proprietário que decide criar uma RPPN são a isenção do imposto sobre a propriedade territorial rural (ITR), para a área reconhecida como Reserva Particular do Patrimônio Natural; a prioridade na análise de concessão de recursos para projetos necessários à implantação e gestão das RPPNs reconhecidas ou certificadas pelo Ibama pelo Fundo Nacional do Meio Ambiente (FNMA); e preferência na análise do pedido de concessão de crédito agrícola, pelas instituições oficiais de crédito. A isenção do ITR, além de ocorrer em várias outras situações, não é expressiva. Os outros benefícios são ainda menos atraentes, pois tratam apenas de prioridade de análise e não de concessão.

O processo de implementação das RPPNs

As dificuldades do processo de implementação das RPPNs derivam-se das obrigações legais impostas aos proprietários, combinadas com a falta de apoio técnico e financeiro para as reservas. Segundo o Decreto nº 1.922/96, o proprietário de uma RPPN deve:

> I – assegurar a manutenção dos atributos ambientais da RPPN e promover sua divulgação na região, mediante, inclusive, a colocação de placas nas vias de acesso e nos limites da área, advertindo terceiros quanto a proibição de desmatamentos, queimadas, caça, pesca, apanha, captura de animais e quaisquer outros atos que afetam ou possam afetar o meio ambiente;
>
> II – submeter à aprovação do órgão responsável pelo reconhecimento o zoneamento e o plano de utilização da Reserva, em consonância com o previsto nos §§ 1º e 2º do art. 3º, deste Decreto;
>
> III – encaminhar, anualmente e sempre que solicitado, ao órgão responsável pelo reconhecimento, relatório da situação da Reserva e das atividades desenvolvidas.

Tais obrigações, além de onerosas, são muitas vezes de execução complicada para os proprietários. A confecção de um zoneamento e de um plano de utilização de qualidade exige alguma orientação técnica, da qual a maioria dos proprietários não dispõe. Os relatórios anuais tornam-se também, na falta de apoio técnico, uma exigência de difícil cumprimento.

Grande parte das dificuldades envolvendo as RPPNs são de fácil solução. Com o maior envolvimento de organizações da sociedade civil, bem como universidades e instituições de pesquisa, boa parte dos problemas dessas reservas seriam resolvidos. Uma divulgação dirigida poderia também transformar essa modalidade de reservas em elementos fundamentais do sistema de unidades de conservação, colaborando com a conectividade entre áreas e a mitigação do impacto das atividades humanas.

Outras possibilidades de áreas protegidas privadas

As RPPNs são uma importante ferramenta, mas outros instrumentos legais devem ser estudados e adotados para ampliar a possibilidade de participação da sociedade civil: diferentes modalidades de reservas particulares ou comunitárias, instrumentos baseados na figura legal da servidão, por exemplo. Em vários países, temos outros tipos de reservas em terras privadas. Por exemplo, na Inglaterra, o National Trust, fundado em 1895, adquiriu, em 1899, a primeira reserva particular naquele país; Wicken Fen, seguida de Hindhead Common, em 1906, e Blakeney Point, em 1912.[28] Atualmente, o National Trust possui e maneja 240 mil hectares na Inglaterra, Gales e Irlanda do Norte; muitas de suas propriedades possuem mais de 500 ha e há, ainda, cerca de 141.835 ha de terras manejadas por fazendeiros arrendatários. Nos Estados Unidos, existe apoio técnico e financeiro para a conservação de hábitats silvestres em terras privadas e várias áreas protegidas particulares geridas por organizações não-governamentais.

Na América Latina, particularmente interessante é o caso da Colômbia, que possui uma vasta rede de Reservas Naturais da Sociedade Civil, estabelecidas por iniciativa da sociedade, e que conta com vários incentivos, desde a substitui-

---

[28] O National Trust Act, de 1907, afirma que seu objetivo é "preservação permanente para o benefício da nação de terras e imóveis (incluindo edifícios) de beleza ou de interesse científico e considerando as terras para a preservação de seus aspectos naturais e da vida animal e vegetal" (site do National Trust <www.ntenvironment.com/html/nat_con/_fspapers/fs_intro1.htm>).

ção do serviço militar obrigatório por serviços ambientais, até programas que visam incluir jovens e crianças. Até mesmo a legislação colombiana que trata da questão surgiu como fruto das pressões da sociedade civil.

Áreas protegidas comunitárias, ou estabelecidas por iniciativa de comunidades, também têm se tornado mais populares. São modalidade de áreas protegidas semelhantes à Reserva Indígena dos Recursos Naturais. No Equador, por exemplo, os Awa estabeleceram áreas protegidas em locais de ocupação tradicional, como a Reserva Florestal Étnica Awa. Lugares sagrados, como a floresta das crianças perdidas em Loita Maasai, no Quênia, também são exemplos. Para fortalecer esse tipo de áreas protegidas, é preciso uma revisão das categorias de áreas da IUCN, de modo a reconhecer as definições das comunidades sobre áreas protegidas e seu manejo (Pimbert e Pretty, 1997).

Além disso, outros incentivos, como certificação de produtos e serviços, podem levar ao estabelecimento de diversos outros espaços protegidos, fundamentais para a eficácia da conservação da biodiversidade dentro de um sistema de áreas protegidas.

Para saber mais

Sobre serviços ambientais

O livro *Nature's services – societal dependance on natural ecosystems*, editado por Gretchen Daily e publicado em 1997 pela Island Press, oferece um bom panorama da questão.

Sobre projetos de seqüestro de carbono no Brasil

O livro *Seqüestro florestal de carbono no Brasil: dimensões políticas, socioeconômicas e ecológicas*, de Chang Man Yu, editado no final de 2004 pelo Instituto Internacional de Educação do Brasil (IEB) e pela Annablume, trata extensivamente do tema.

Sobre a questão do acesso aos recursos genéticos e às áreas protegidas

Duas fontes podem ilustrar o interessado nesse assunto. A primeira é um capítulo do livro, de 2002, editado por Sarah Laird e publicado pela Earthscan, intitulado *Biodiversity and traditional knowledge: equitable partnerships in practice*.

Trata-se do capítulo de autoria da própria Sarah Laird e de Esterine Lisinge, "Protected area research policies: developing a basis for equity and accountability". O capítulo, além de uma boa discussão sobre como devem ser as políticas de acesso aos recursos genéticos e ao conhecimento tradicional associado, traz inúmeros exemplos e estudos de caso. A segunda fonte é a publicação do Institute of Advanced Studies da United Nations University, intitulado *Biodiversity access and benefit-sharing policies for protected areas*, de autoria de Sarah Laird, S. Johnson, Rachel Wynberg, Esterine Lisinge e D. Lohan, de 2003.

Sobre a proteção aos conhecimentos tradicionais

O livro *Quem cala consente? Subsídios para a proteção aos conhecimentos tradicionais*, fruto de um seminário realizado em 2002, sobre consentimento prévio informado e suas implicações, e publicado em 2003, pelo Instituto Socioambiental, sob o número 8 da série documentos do ISA, traz uma ampla discussão sobre o tema, além de artigos sobre a situação no Brasil, Peru e Colômbia. Para os interessados nos processos de consentimento prévio informado, especial atenção deve ser dada ao artigo de Laurel Firestone sobre o tema, "Consentimento prévio informado – princípios orientadores e modelos concretos", no mesmo livro.

Sobre a conservação da biodiversidade como oportunidade para paz

A publicação conjunta da IUCN e do International Institute for Sustainable Development, de 2002, *Conserving the peace: resources, livehoods and security* trata de vários aspectos dessa questão, com casos do Paquistão, Nicarágua, Ruanda, Indonésia e Zimbábue.

Sobre as alternativas de proteção da biodiversidade em terras privadas

O excelente livro, editado por Tim O'Riordan e Susanne Stoll-Kleemann, *Biodiversity, sustainability and human communities: protecting beyond the protected* possui vários capítulos que tratam dessa questão. O livro foi publicado em 2002, pela Cambridge University Press.

6

Áreas protegidas: novos rumos?

O futuro das áreas protegidas e as áreas protegidas no futuro

Jeffrey McNeely, da IUCN (União Internacional de Conservação da Natureza), está convencido de que, em 50 anos, não teremos mais áreas protegidas, por um dos dois seguintes motivos: primeiro, essas áreas serão tomadas pelas populações rurais sem terra, ou pelo aquecimento global, ou alguma outra grande ameaça; segundo, a humanidade encontrará formas racionais de usar os recursos naturais e manejar as paisagens que, automaticamente, assegurarão hábitats para as outras espécies (citado em Myers, 2002). Muito otimista ou muito pessimista? Ambos, talvez.

Por um lado, somente a incorporação de novos conceitos e paradigmas na criação, implementação e gestão das unidades de conservação poderá assegurar a elas um futuro. Como há uma tendência nesse sentido, pode-se supor que as áreas protegidas têm algum futuro e, assim, McNeely estaria sendo muito pessimista. Por outro lado, enquanto houver necessidade de áreas protegidas, é sinal de que a humanidade continua fazendo um uso predatório e insustentável da biodiversidade. A meu ver, não há uma tendência detectável de diminuição desse tipo de uso, nem de mudanças de paradigma que permitam vislumbrar esse uso racional descrito por McNeely. Nesse sentido, ele estaria sendo demasiadamente otimista.

Ainda assim, não há dúvidas de que o uso mais racional dos recursos naturais seria a melhor alternativa, mas enquanto isso não acontece, vale a pena investir nas áreas protegidas e em estratégias mais amplas de proteção e uso racional da biodiversidade. No que tange às áreas protegidas, é fundamental levar em conta seu novo papel: áreas que foram concebidas originalmente como locais de preservação da vida selvagem são, cada vez mais, vistas como a vanguarda da transformação social e econômica. Se, por um lado, essa situação é positiva, por outro, gera novas dificuldades, pois torna a gestão das áreas protegidas mais complexa. Conservacionistas e gestores, em geral, não estão preparados para lidar com esse novo papel, nem podem resolver as questões que cercam a unidade de conservação, como a pobreza, a posse e o domínio das terras, a geração de alternativas de renda e as injustiças sociais.

É essencial, também, ter em foco, nas estratégias de conservação para as áreas protegidas, os processos biológicos geradores e mantenedores da biodiversidade. Os resultados dessas estratégias – determinadas paisagens, presença ou ausência de certas espécies – devem ser encarados como temporários e não devem se constituir no objeto último das atividades de conservação. A identificação dos processos gera esses resultados, e a sua manutenção deve ser o alvo das estratégias de conservação da biodiversidade.

O desafio da falta de conhecimento

O planejamento das atividades e estratégias de conservação da biodiversidade possui um significativo grau de incerteza. À medida que aumenta o conhecimento sobre a biodiversidade e os processos biológicos, o grau de incerteza diminui, mas nunca é eliminado. Isso significa que os responsáveis pelo planejamento devem aprender a lidar com a incerteza, de forma a minimizar o risco de erros graves. Entre os elementos que merecem atenção, pois podem ajudar na redução do grau de incerteza no manejo das unidades, está a necessidade de maior precisão na mensuração da biodiversidade e maior consistência em seu mapeamento. Parte disso pode ser obtida com mais recursos humanos e financeiros, mas como inventários completos da biodiversidade são pouco realistas, outra parte terá que se derivar de coletas baseadas em teorias ecológicas e em modelos estatísticos e computacionais que descrevem padrões de distribuição espacial. Outra necessidade é o aumento dos esforços no mapeamento dos padrões e monitoramento das ameaças à biodiversidade, pois o planejamento da conservação deve responder a essas ameaças. Um melhor entendimento desses padrões ajudará na priorização dos recursos limitados da conservação. Prescrições de manejo mais precisas também são uma necessidade. Atualmente, sabe-se o suficiente apenas sobre algumas poucas espécies, em geral grandes vertebrados e plantas vasculares (Margules e Pressey, 2000).

Um levantamento recente sobre o estado atual do conhecimento da biodiversidade brasileira (Lewinsohn e Prado, 2002) revelou um nível insatisfatório de conhecimento e de recursos para o desenvolvimento deste conhecimento. O exame do conhecimento taxonômico no Brasil apresentou duas facetas: a dos grupos pouco conhecidos em todo o mundo e a daqueles cuja taxonomia está relativamente bem estabelecida mundialmente, mas não no Brasil. No caso dos táxons pouco conhecidos e inventariados globalmente, como bactérias, fungos e ácaros, um avanço estratégico não depende especialmente de iniciativas nacionais. No caso das lacunas existentes no país, relativas a grupos já bem conhecidos, como algumas ordens e famílias de artrópodes e de angiospermas, são as iniciativas nacionais as decisivas. A análise do conhecimento dos biomas brasileiros revelou que aqueles localizados no Sul, Sudeste e Norte são os mais bem conhecidos, com exceção dos Campos Sulinos. Os biomas localizados nas regiões Nordeste e Centro-Oeste são os menos conhecidos, principalmente a Caatinga e o Pantanal.

Diante disso e das reconhecidas demandas urgentes de informação sobre a biodiversidade, os autores do estudo propõem algumas ações.

Utilização do conhecimento e capacidades existentes:

- estudo detalhado do material existente nas coleções;
- estímulo à produção e publicação de revisões taxonômicas e guias de identificação;
- consolidação da infra-estrutura material e técnica dos acervos.

Novas iniciativas:

- criação e fortalecimento de núcleos de pesquisa regionais, principalmente no Nordeste e Centro-Oeste, para a realização de inventários e de monitoramento da biodiversidade;
- realização de inventários em regiões e hábitats pouco conhecidos;
- aplicação de tecnologias bioinformáticas para acelerar a catalogação e a difusão do conhecimento sobre a biodiversidade;
- integração com as iniciativas internacionais.

A essas recomendações, devem se somar outras no sentido de ampliar o conhecimento sobre os processos biológicos e seu papel na manutenção da biodiversidade brasileira, bem como no mapeamento das ameaças, taxas e análise das causas de perda de biodiversidade.

Os resultados do, já mencionado, projeto de avaliação e identificação de áreas e ações prioritárias para a conservação, utilização sustentável e repartição de benefícios da biodiversidade brasileira também trazem um significativo conjunto de recomendações, inclusive algumas dirigidas especificamente às unidades de conservação.

Apesar da clareza dessas recomendações, a limitação de recursos e a escolha das prioridades nacionais fazem com que sua implementação tarde mais do que seria desejado. Assim, o grau de incerteza que permeará as atividades ligadas à conservação da biodiversidade nas áreas protegidas brasileiras continuará alto.

O desafio das conectividades

Cada vez mais se reconhece que as áreas protegidas não são, nem devem ser, ilhas. Nem isoladas do resto do ecossistema e das paisagens onde estão inseridas, nem ilhas isoladas da realidade econômica e social que as circundam. Assim, as áreas protegidas devem estar conectadas, tanto a outras áreas naturais, como às comunidades do seu entorno.

Ambas são difíceis de se obter. A conectividade ecológica depende da existência de áreas naturais próximas e de porções do território que possam servir de elementos de conexão, como, por exemplo, corredores de hábitat. O planejamento desses corredores não é simples e requer que se observe, pelo menos, os seguintes aspectos (Bennett, 1999):

- objetivos da interligação entre os hábitats;
- *status* da área a ser usada como corredor, levando-se em conta a cobertura vegetal, a extensão da área, a situação fundiária e se a área será, ou não, a única interligação entre os hábitats;
- espécies a serem beneficiadas e como isso ocorrerá;
- as necessidades das espécies e como usarão o corredor (no caso de espécies que habitarão o corredor, trata-se aqui de assegurar ambientes apropriados para alimentação, abrigo e reprodução, cuidar para que tenham espaço suficiente e considerar sua vulnerabilidade aos distúrbios que podem atingir o corredor; no caso de espécies que se moverão pelo corredor, trata-se de garantir alimentação e refúgio, bem como maneiras delas encontrarem o corredor);
- condições para tornar o corredor funcional;
- estratégias de manejo para a manutenção do corredor a longo prazo;
- monitoramento e avaliação do corredor.

Como mencionado, no Brasil, alguns elementos como as reservas legais e as áreas de preservação permanente, que oferecem grande potencial para funcionar como elementos de conexão entre áreas protegidas, estão fora do Sistema Nacional de Unidades de Conservação, não fazendo parte do planejamento estratégico das áreas protegidas no país.

A interação com as comunidades locais também é trabalhosa. Várias experiências fracassaram, trazendo prejuízos para a biodiversidade e enormes frustrações para as populações envolvidas. Um dos maiores obstáculos, já citado, reside nas diferenças culturais entre conservacionistas e os membros das comunidades locais. Outras, entretanto, atingiram êxitos marcantes na promoção da conservação da biodiversidade, fomentando o apoio local e aumentando a área destinada à proteção. Uma das chaves desse sucesso é a apropriação pelas comunidades locais da agenda de conservação. Assegurar que essas comunidades sejam os principais beneficiários da área protegida e que muitos desses benefícios não estejam disponíveis para pessoas de fora das comunidades, é uma forma eficiente de promover essa apropriação (MacKinnon, 2001).

O desafio da governança

Governança é aqui compreendida como "a interação entre as estruturas, os processos e as tradições que determina como se exerce o poder, como se tomam as decisões e como participam os cidadãos e setores envolvidos" (Graham et al., 2003). A boa governança é, ao mesmo tempo, objetivo e processo que pode ser iniciado por vários atores e não está ligada apenas às instituições governamentais. Está relacionada com o exercício responsável do poder com vistas a atingir determinados objetivos.

O Instituto de Governança,[29] em parceria com a Agência de Parques do Canadá, produziu um documento sobre os princípios de governança para as áreas protegidas no século XXI (Graham et al., 2003), que arrola os poderes que os responsáveis pelas áreas protegidas devem ter e os cinco princípios da boa governança. Nesse documento, os objetivos gerais das áreas protegidas estão sumarizados em quatro grandes tópicos: a conservação da biodiversidade, a pesquisa científica, o uso dos visitantes e o atendimento das necessidades das comunidades locais. Evidentemente, este último objetivo deve ser visto dentro dos

---

[29] Organização não-governamental canadense, sediada em Otawa, cuja missão é explorar, divulgar e promover o conceito de boa governança e ajudar governos, organizações de voluntários, comunidades e o setor privado a colocá-lo em prática . (Disponível em: <www.iog.ca>).

limites de atuação das áreas protegidas. Os poderes relacionados pelo documento são os seguintes:

- poder de planejar – relacionado com o sistema como um todo e com a formulação dos planos de manejo das áreas protegidas específicas;
- poder de regulamentar, incluindo o poder de impor a lei – para fins de conservação no que tange ao uso da terra e dos recursos naturais, e em questões de salubridade e segurança;
- poder de gastar – em atividades relacionadas com a gestão dos recursos, programas de interpretação, desenvolvimento e manutenção da infra-estrutura, saúde pública, imposição da lei, educação pública e execução de programas de pesquisa científica;
- poder de gerar renda – mediante sistemas de direitos, licenças, permissões e em alguns casos, sob forma de impostos sobre a propriedade;
- poder de fazer acordos – para partilhar ou delegar algum dos quatro poderes acima ou para cooperar com outros responsáveis pela gestão do uso da terra nas circunvizinhanças.

No Brasil, esses poderes não estão todos concentrados nas mãos dos responsáveis pelas áreas protegidas e, mais grave, não há uma definição clara de quem deve detê-los. Essa situação tem, sem dúvida, prejudicado a boa governança das áreas protegidas.

A seguir são relacionados os princípios, e seus pressupostos, descritos pelo documento.

1. Legitimidade e participação:
   - existência de um contexto democrático e de direitos humanos;
   - nível adequado de descentralização na tomada de decisões para áreas protegidas;
   - manejo colaborativo para a tomada de decisões relativas às áreas protegidas;
   - participação dos cidadãos assegurada em todos os níveis de tomada de decisão;
   - existência de grupos da sociedade civil como instrumentos de equilíbrio e controle independentes;
   - altos níveis de confiabilidade entre os distintos atores.
2. Direção:
   - coerência com o marco internacional relativo às áreas protegidas (Convenção sobre Diversidade Biológica e outras convenções; programas

intergovernamentais, como o programa da Unesco, o Homem e a Biosfera);
- existência de um marco legislativo (dentro do direito formal ou tradicional) que estabeleça metas, objetivos, instrumentos e requisitos para participação dos cidadãos nos processos de tomada de decisões;
- existência de planos que se apliquem a todos os sistema de áreas protegidas;
- existência de planos de manejo para as áreas protegidas que tenham sido, entre outros requisitos, elaborados com a participação das comunidades locais;
- demonstração de coordenação efetiva.

3. Desempenho:
   - eficiência no cumprimento dos objetivos;
   - capacidade no desempenho das funções relacionadas aos mandatos e aos poderes;
   - aptidão e capacidade de coordenar as atividades com os participantes dentro e fora do governo;
   - divulgação da informação ao público;
   - receptividade no tratamento de reclamações e críticas do público;
   - monitoramento e avaliação dos valores ecológicos e culturais e capacidade de resposta conseqüente;
   - gestão adaptativa, utilizando a experiência operativa para modificar as estratégias de gestão;
   - gestão dos riscos (identificação e prevenção).
4. Responsabilidade:
   - clareza na atribuição de responsabilidades e autoridade para agir;
   - coerência e amplitude;
   - clareza na função dos dirigentes políticos;
   - instituições públicas com prestação de contas;
   - eficiência da sociedade civil e da imprensa em mobilizar a demanda de responsabilidade;
   - transparência.
5. Eqüidade:
   - existência de um contexto jurídico de apoio;
   - imposição eqüitativa, imparcial e efetiva das normas sobre as áreas protegidas;

- eqüidade no processo de criação de novas áreas protegidas, incluindo, entre outros, o respeito aos direitos e uso dos conhecimentos tradicionais relativos à área das populações locais e indígenas e participação do público e particularmente dessas populações;
- eqüidade no manejo das áreas protegidas.

Muitos desses princípios ainda não são seguidos na gestão das áreas protegidas no Brasil. Tomemos, por exemplo, o princípio da eqüidade: o primeiro pressuposto é o único que se verifica no país. A imposição eqüitativa imparcial e efetiva das normas sobre as áreas protegidas não se verifica, e não são poucos os casos onde autoridades fazem uso indevido dos recursos naturais de uma unidade de conservação, com a complacência dos gestores da unidade que, por outro lado, são especialmente eficientes em coibir a utilização dos recursos por parte das comunidades locais. A eqüidade no processo de criação de novas áreas protegidas tampouco é comum. Apesar de a lei do Snuc obrigar a realização de consulta pública antes do estabelecimento da unidade de conservação, essas consultas não têm respeitado o princípio da eqüidade que, além dos elementos descritos acima – respeito às populações locais e participação do público –, tem como pressupostos a avaliação efetiva de outras opções de uso da área e o equilíbrio adequado entre os objetivos das unidades. O último item, a eqüidade no manejo das áreas protegidas, também não tem tido a prática. Essa eqüidade pressuporia práticas que lograssem um equilíbrio favorável entre custos e benefícios para as comunidades locais; mecanismos para a participação das comunidades locais e de pesquisadores nos processos de tomada de decisões de manejo; valorização e utilização do conhecimento tradicional e métodos de gestão das comunidades locais; práticas eqüitativas de gestão dos recursos humanos das unidades de conservação; e processos para reconhecer e reparar injustiças cometidas no passado, derivadas do estabelecimento de unidades de conservação.

De volta para o futuro

Examinando esses desafios, percebe-se que o Brasil – e a maioria do países – ainda tem muito o que fazer no campo da conservação da biodiversidade e das áreas protegidas. Ainda assim, vale frisar que o país já conseguiu muito: possui um conjunto significativo de unidades de conservação, apresenta um conhecimento considerável de sua biodiversidade, tem uma legislação ambiental bastante razoável e tem sido uma liderança no cenário internacional ambiental, ainda que nem sempre positiva.

Talvez o maior desafio, que traz em seu bojo todos os outros, seja transformar o conjunto de unidades de conservação existentes em um efetivo sistema de áreas protegidas. Como já dito, isso requer a inclusão de vários outros elementos no sistema, além das unidades de conservação. São elementos que ajudam na preservação dos processos biológicos, aumentando a conectividade, minorando os efeitos de borda, mantendo os regimes de distúrbios e mitigando os impactos da atividade humana, entre outros efeitos. No Brasil, há vários espaços especialmente protegidos passíveis de integrar o sistema e desempenhar tal papel: são terras indígenas, reservas legais e áreas de preservação permanente. A articulação de todos esses elementos, entretanto, não é suficiente para a constituição de um sistema de áreas protegidas. Para tanto, outros requisitos se fazem necessários:

- o planejamento global do sistema, considerando todos seus elementos e os princípios de boa governança;
- a definição de critérios para a seleção de novas áreas, levando-se em conta todo o sistema e a preocupação de usar uma categoria de unidade de conservação adequada à realidade biológica e social do local;
- o resgate da importância de todas as categorias de unidades de conservação, o que necessita de todas as categorias de manejo de unidades de conservação num mesmo patamar, evitando o que acontece muitas vezes, quando as unidades de uso sustentável são consideradas de menor importância. Isso pressupõe um esforço para tornar eficientes categorias historicamente desprestigiadas e, muitas vezes, pouco eficazes, como as áreas de proteção ambiental (APAs);
- a pesquisa científica orientada para o fornecimento de prescrições de manejo e para a ampliação dos conhecimentos sobre os processos biológicos;
- o estudo de alternativas de sustentabilidade para os beneficiários de reservas extrativistas e de recursos naturais;
- a democratização dos processos de consulta que devem preceder a criação das novas unidades;
- a transparência, eqüidade e participação no planejamento, implementação e gestão das áreas;
- o fortalecimento de programas de conservação em áreas privadas;
- o respeito às comunidades locais, seus direitos, usos e conhecimentos;
- a construção coletiva de soluções para os conflitos, incluindo a presença humana em unidades de proteção integral, o uso da terra e dos recursos naturais pelas comunidades do entorno das áreas protegidas e a sobreposição entre terras indígenas e unidades de conservação;

- a capacitação continuada dos membros dos conselhos das unidades de conservação, incluindo os gestores das áreas;
- o respeito aos visitantes das unidades. Isso pressupõe boas instalações e infraestrutura de visitação, material educativo atraente e acessível e oferecimento de oportunidades para apoiar as unidades de conservação;
- a apropriação do papel de agentes de transformação social pelos gestores;
- a geração de benefícios para as comunidades locais, no entorno das unidades de conservação, bem como alternativas para reduzir usos insustentáveis na unidade e em sua zona de amortecimento;
- a busca do apoio da sociedade ao sistema de áreas protegidas, por meio da difusão de informações e da possibilidade de participação de atividades.

A inclusão de um sistema com tais características numa política maior de ordenamento territorial, que contemplasse o uso da terra e dos recursos naturais em todo país, seria bastante positiva e, certamente, traria melhores resultados do que um sistema isolado das outras atividades que afetam os processos biológicos. Resta, entretanto, um longo caminho a percorrer até tal cenário, dada a falta de integração entre políticas, agendas e instituições do governo no país.

Para saber mais

Sobre o estágio de conhecimento da biodiversidade brasileira

Um bom levantamento foi feito, a pedido do Ministério do Meio Ambiente, por Thomas M. Levinsohn e Paulo Inácio Prado e publicado, em 2002, pela Contexto Acadêmica. Chama-se *Biodiversidade brasileira: síntese do estado atual do conhecimento.*

Sobre os princípios de governança para áreas protegidas

O documento produzido pelo Institute on Governance conjuntamente com a Agência de Parques do Canadá e a Agência Canadense de Desenvolvimento Internacional, publicado em 2003, para ser apresentado no Congresso Mundial de Parques, que se realizou em setembro de 2003, em Durban, na África do Sul, intitulado *Principios de governabilidad para las áreas protegidas en el sieclo XXI* é bastante interessante.

Bibliografia

ALVAREZ, L. W.; ALVAREZ, W.; ASARO, F.; MICHEL, H. V. Extraterrestrial cause for the Cretaceous-Tertiary extinctions. *Science*, n. 208, p. 1095-1108, 1980.

BARRETO FILHO, H. T. Notas para o histórico de um artefato sociocultural: o Parque Nacional do Jaú. *Terras das Águas*, v. 1, n. 1, p. 53-76, 1999.

BAYLÃO, R. D. S.; BENSUSAN, N. Conservação da biodiversidade e populações tradicionais: um falso conflito. *Revista Fundação da Escola Superior do Ministério Público do Distrito Federal e Territórios*, v. 8, n. 16, p. 161-180, 2000.

BENNETT, A. F. *Linkages in the landscape*: the role of corridors and connectivity in wildlife conservation. Cambridge: IUCN – The World Conservation Union, 1999.

BENSUSAN, N. *Modelos conceituais e indicadores de efetividade na conservação da biodiversidade*: um estudo de caso no Parque Nacional de Brasília. Dissertação (Mestrado) – Departamento de Ecologia, Universidade de Brasília, 1997.

______. ICMS ecológico: um incentivo fiscal para a conservação da biodiversidade. In: ______. *Seria melhor mandar ladrilhar?* Biodiversidade: como, para que e por quê. Brasília: Universidade de Brasília; São Paulo: Instituto Socioambiental – ISA, 2002.

BENTON, M. J. Diversification and extinction in the history of life. *Science*, n. 268, p. 52-58, 1995.

BIERREGAARD JR., R. O. et al. The biological dynamics of tropical rainforest fragments. *BioScience*, n. 42, p. 859-866, 1992.

BLONDEL, J.; VIGNE, J. D. Space, time and man as determinants of diversity of birds and of mammals in the Mediterranean region. In: RICKEFS, R. E.; SCHLUTER, D.

(Eds.). *Species diversity in ecological communities*. Chicago: The University of Chicago Press, 1993.

BORRINI-FEYERABEND, G. Manejo participativo de áreas protegidas: adaptando o método ao contexto. *Temas de Política Social*. Quito: UICN-Sur, 1997.

BRANDON, K. Putting the right parks in the right places. In: TERBORGH, J. et al. (Eds.). *Making parks work*. Washington, DC: Island Press, 2002.

______; REDFORD, K. H.; SANDERSON, S. E. *Parks in peril*: people, politics and protected areas. Washington, DC: The Nature Conservancy e Island Press, 1998.

BROCKEMAN, W. Y. et al. Enforcement mechanisms. In: TERBORGH, J. et al. (Eds.). *Making parks work*. Washington, DC: Island Press, 2002.

BRUNER, A. G.; GULLISON, R. E.; FONSECA, G. A. B. Effectiveness of parks in protecting tropical biodiversity. *Science*, n. 291, p. 125-128, 2001.

CASTRO, E. Viveiros de. Amazônia pré-Cabral. *Ciência Hoje*, v. 34, n. 199, p. 11-12, 2003.

CHRISTENSEN, N. L. et al. Interpreting the Yellowstone fires of 1988. *BioScience*, n. 39, p. 678-685, 1989.

______ et al. The report of the Ecological Society of America Committee on the scientific basis for ecosystem management. *Ecological Applications*, v. 6, n. 3, p. 665-691, 1996.

COLCHESTER, M. Salvaging nature: indigenous peoples and protected areas. In: GHIMIRE, K. B.; PIMBERT, M. P. (Eds.). *Social change and conservation*. Londres: Earthscan Publications Ltd., 1997.

CONNELL, J. H. Diversity in tropical rainforest and coral reefs. *Science*, n. 199, p. 1302-1310, 1978.

CONSTANZA, R. et al. The value of the world's ecosystem services and natural capital. *Nature*, v. 387, n. 6.230, p. 253-260, 1997.

CRONON, M. In search of nature e the trouble with wilderness. In: CRONON, W. (Ed.). *Uncommon ground*. Nova York: Norton & Company, 1995.

CUNHA, M. C.; ALMEIDA, M. B. Populações tradicionais e conservação ambiental. In: CAPOBIANCO, J. P. R. (Org.). *Biodiversidade na Amazônia brasileira*. São Paulo: Estação Liberdade e Instituto Socioambiental, 2001.

______; ______. Introdução. In: ______; ______ (Eds.). *Enciclopédia da floresta*. São Paulo: Companhia das Letras, 2002.

DAILY, G. Introduction: what are ecosystem services? In: DAILY, G. (Ed.). *Nature's services* – societal dependance on natural ecosystems. Washington: Island Press, 1997.

DAVENPORT, L.; RAO, M. The history of protection: paradoxes of the past and challenges for the futures. In: TERBORGH, J. et al. (Eds.). *Making parks work*. Washington, DC: Island Press, 2002.

DELCOURT, H. R.; DELCOURT, P. A. *Quaternary ecology*. London: Chapman & Hall, 1991.

DEAN, W. *A ferro e fogo* – a história e a devastação da Mata Atlântica brasileira. São Paulo: Companhia das Letras, 1995.

DIAMOND, J. The island dilemma: lessons of modern biogeographic studies for the design of natural reserves. *Biological Conservation*, n. 7, p. 129-145, 1975.

DIAS, B. F. S. *O papel das unidades de conservação face à Convenção sobre Diversidade Biológica e à Constituição Federal de 1988*: uma análise conceitual hierarquizada. 1994. ms.

DIEGUES, A. C. S. *O mito moderno da natureza intocada*. São Paulo: Universidade de São Paulo, 1994.

DIETZ, J.; DIETZ, L. A.; NAGAGATA, E. Y. The effective use of flagship species for conservation of biodiversity: the example of the lion tamaris in Brazil. In: OLNEY, P. J. S.; MACE, G. M.; FEISTNER, A. T. C. (Eds.). *Creative conservation*: interactive management of wild and captive animals. London: Chapman & Hall, 1994.

DOUROJEANNI, M. J. Political will for establishing and managing parks. In: TERBORGH, J. et al. (Eds.). *Making parks work*. Washington, DC: Island Press, 2002.

EITEN, G. Vegetação do cerrado. In: PINTO, M. N. (Org.). *Cerrado*: caracterização, ocupação e perspectivas. Brasília: Universidade de Brasília, 1994.

EMPERAIRE, L. O manejo da agrobiodiversidade – o exemplo da mandioca na Amazônia. In: BENSUSAN, N. (Ed.). *Seria melhor mandar ladrilhar?* Biodiversidade: como, para que e por quê. Brasília: Universidade de Brasília; São Paulo: Instituto Socioambiental, 2002.

FERREIRA, L. et al. *Áreas protegidas ou espaços ameaçados?* Série Técnica 1 – WWF, Brasília, 1999.

GLACKEN, C. J. *Traces on the Rhodian shore*. Berkeley: University of California Press, 1967.

GÓMEZ-POMPA, A.; KAUS, A. Taming the wilderness myth. *BioScience*, v. 42, n. 4, p. 271-279, 1992.

GOUDIE, A. *The human impact on the natural environment*. 5. ed. Cambridge, Massachusetts: The MIT Press, 2000.

GRAHAM, J.; AMOS, B.; PLUMPTRE, T. Governance principles for protected areas in the 21 st century. Ottawa: Institute on Governance, Parks Canada, Canadian International Development Agency, 2003.

GROMM, M. J.; SCHUMAKER, N. Evaluating landscape change: patterns of worldwide deforestation and local fragmentation. In: KAREIVA, P. M.; KINGSOLVER, J. G.; HUEY, R. B. (Eds.). *Biotic interactions and global change*. Suderland, Massachusetts: Sinauer Associates Inc., 1993.

GRUMBINE, R. E. What is ecosystem management? *Conservation Biology*, n. 8, p. 127-134, 1994.

HOCKINGS, M.; STOLTON, S.; DUDLEY, N. Evaluating effectiveness: a framework for assessing the management of protected areas. *Best Practice Protected Area Guidelines Series*, Gland, Suíça: IUCN – The World Conservation Union, n. 6, 2000.

HOLSINGER, K. E. The evolutionary dynamics of fragmented plant populations. In: KAREIVA, P. M.; KINGSOLVER, J. G.; HUEY, R. B. (Eds.). *Biotic interactions and global change*. Suderland, Massachusetts: Sinauer Associates Inc., 1993.

HOOPES, M. F.; HARRISON, S. Metapopulation, source-sink and dirturbance dynamics. In: SUTHERLAND, W. J. (Ed.). *Conservation science and action*. Oxford: Blackwell Science Ltd., 1998.

HUNTLEY, B. J. Conserving and monitoring biotic diversity. In: WILSON, E. O. (Ed.). *Biodiversity*. Washington: National Academy Press, 1988.

IBAMA. *Roteiro metodológico de planejamento*: parque nacional, reserva biológica, estação ecológica. Brasília: Ibama, 2002.

IUCN (INTERNATIONAL UNION FOR CONSERVATION OF NATURE). *United Nations list of national parks and equivalent reserves*. Haves, Brussels, 1971.

JABLONSKI, D. Extinctions in the fossil record. *Philosophical Transactions of the Royal Society of London*. Series B, v. 344, n. 1307, p. 11-17, 1994.

KATE, K. et al. Access to genetic resources and benefit-sharing in a protected area: an agreement between Yellowstone National Park and the Diversa Corporation. In: LAIRD,

S. A. (Ed.). *Biodiversity and traditional knowledge*: equitable partnerships in practice. London: Earthscan, 2002.

LAIRD, S. A.; LISINGE, E. E. Protected area research policies: developing a basis for equity and accountability. In: LAIRD, S. A. (Ed.). *Biodiversity and traditional knowledge:* equitable partnerships in practice. London : Earthscan, 2002.

______ et al. *Biodiversity access and benefit-sharing policies for protected areas.* Tokyo: Institute of Advanced Studies/United Nations University, 2003.

LARRÈRE, R.; NOUGARÈDE, O. *Des hommes et des forêts*. Paris: Gallimard, 1993.

LAURANCE, W. L. Rainforest fragmentation and the structure of small mammal communities in tropical Queensland. *Biological Conservation*, n. 69, p. 23-32, 1994.

LAWTON, J. H. Population dynamics principles. *Philosophical Transaction Royal Society of London*, Series B, n. 344, p. 61-68, 1994.

______; MAY, R. M. (Eds.). Estimating extinction rates. *The Royal Society Philosophical Transactions*, Series B, n. 344, p. 1-104, 1994.

LECK, C. F. Avian extinctions in an isolated tropical wet-forest preserve: Ecuador. *Auk*. v. 96, p. 343-352, 1979.

LEVINS, R. A. Extinction. *Lectures on Mathematics in the Life Sciences*, n. 2, p. 75-107, 1970.

LEWINSOHN, T. M.; PRADO, P. I. *Biodiversidade brasileira*: síntese do estado atual do conhecimento. São Paulo; Contexto, 2002.

MACKINNON, K. Integrated conservation and development projects, can they work? *Parks*, v. 11, n. 2, p. 1-5, 2001.

MARGULES, C. R.; PRESSEY, R. L. Systematic conservation planning. *Nature*, n. 405, p. 243-253, 2000.

MCIVOR, C. Management of wildlife, tourism and communities in Zimbabwe. In: GHIMIRE, K. B.; PIMBERT, M. P. (Eds.). Social change and conservation. London: Earthsean, 1997.

MCNEELY, J. A. Biodiversity, conflict and tropical forest. In: MATTHEW, R.; HALLE, M.; SWITZER, J. (Eds.). *Conserving the peace*: resources, livehoods and security. Winnipeg: International Institute for Sustainable Development, 2002.

______ et al. *Conserving the world's biological diversity*. Gland, Suíça: IUCN, WRI, CI, WWF-US; Washington, DC: World Bank, 1990.

MEFFE, G. K.; CARROLL, C. R. *Principles of conservation biology*. Sunderland, Massachusetts: Sinauer Associates, 1997.

MENEZES, M. A. As reservas extrativistas como alternativa ao desmatamento na Amazônia. In: ARNT, R. (Ed.). *O destino da floresta*. Rio de Janeiro: Relume-Dumará, 1994.

MERCADANTE, M. Uma década de debate e negociação: a história da elaboração da Lei do Snuc. In: BENJAMIN, A. H. (Ed.). *Direito ambiental das áreas protegidas*. Rio de Janeiro: Forense-Universitária, 2001.

MULONGOY, K. J.; CHAPE, S. *Protected areas and biodiversity: an overview of key issues*. Convention on Biological Diversity (CBD). Cambridge: World Conservation Monitoring Centre, 2003.

MYERS, N. Biodiversity and biodepletion: a paradigm shift. In: O'RIORDAN, T.; STOLL-KLEEMANN, S. (Eds.). *Biodiversity, sustainability and human communities*: protecting beyond the protected. Cambridge: Cambridge University Press, 2002.

______ et al. Biodiversity hotspots for conservation priorities. *Nature*, n. 403, p. 853-858, 2000.

NELSON, J. G.; SERAFIN, R. Assessing biodiversity: a human ecological approach. *Ambio*, v. 21, n. 3, p. 212-218, 1992.

OLWIG, K. R. Reinventing common nature: Yosemite and Mount Rushmore – a meandering tale of a double nature. In: CRONON, W. (Ed.). *Uncommon ground*. New York: W. W. Norton & Company, 1995.

PÁDUA, C. V. et al. Assentamentos de reforma agrária e conservação de áreas protegidas no Pontal do Paranapanema. In: BENSUSAN, N. (Ed.). *Seria melhor mandar ladrilhar?* Biodiversidade: como, para que e por quê. Brasília: Universidade de Brasília; São Paulo: Instituto Socioambiental – ISA, 2002.

PELLIN, A. et al. *Conselhos de unidades de conservação federais*: dificuldades para sua implementação. Brasília, 2004. ms.

PERES, C. A.; TERBORGH, J. W. Amazonia nature reserves: an analysis of the defensibility status of existing conservation units and design criteria for the future. *Conservation Biology*, v. 9, n. 1, p. 34-46, 1995.

PIMBERT, M. P.; PRETTY, J. N. Parks, people and professionals: putting "participation" into protected area management. In: GHIMIRE, K. B.; PIMBERT, M. P. (Eds.). *Social change and conservation*. London: Earthscan Publications,1997.

POSEY, D. A. Indigenous management of tropical forest ecosystems: the case of the Kayapó indians of Brazilian Amazon. *Agroforestry Systems*, n. 3, p. 139-158, 1985.

PRESSEY, R. L. et al. Beyond opportunism: key principles for systematic reserve selection. *Trends in Ecology and Evolution*, v. 8, n. 4, p. 124-128, 1993.

PRETTY, J. N. Agriculture: reconnecting people, land and nature. London: Earthscan, 2002.

PRIMACK, R. B. *Essentials of conservation biology*. Massachusetts: Sinauer Associates Inc., 1993.

PULLIAM, H. R. Sources, sinks and population regulation. *American Naturalist*, n. 132, p. 652-661, 1988.

PYNE, S. J. Keeper of the flame: a survey of anthropogenic fire. In: CRUTZEN, P. J.; GOLDAMMER, J. G. (Eds.). *Fire in the environment*: the ecological, atmospheric and climatic importance of vegetation fires. West Sussex: John Wiley & Sons, 1993.

QUINN, J. F.; KARR, J. R. Habitat fragmentation and global change. In: KAREIVA, P. M.; KINGSOLVER, J. G.; HUEY, R. B. (Eds.). *Biotic interactions and global change*. Suderland, Massachusetts: Sinauer Associates Inc., 1993.

RAUP, D. M. Diversity crises in the geological past. In: WILSON, E. O. (Ed.). *Biodiversity*. Washington: National Academy Press, 1988.

READER, J. *Africa*: a biography of the continent. New York: Vintage Books, 1997.

REBELO, A. G.; SIEGFRIED, W. R. Where should nature reserves be located in the Cape Floristic Region, South Africa? – models for spatial configuration of a reserve network aimed at maximising the protection of floral diversity. *Conservation Biology*, n. 6, p. 243-252, 1992.

RODRIGUES, A. S. L. et al. *Global gap analysis*: towards a representative network of protected areas. Advances in Applied Biodiversity Science 5. Washington, DC: Conservation International, 2003.

ROMME, W. H.; DESPAIN, D. G. Historical perspective on the Yellowstone fires of 1988. *BioScience*, n. 39, p. 695-699, 1989.

RUIZ, M. Research in protected areas in the context of Decision 391 of the Andean Pact. In: LAIRD, S. A. (Ed.). *Biodiversity and traditional knowledge*: equitable partnerships in practice. Londres: Earthscan, 2002.

SÁ, R. Lemos de. Unidades de conservação como instrumento de proteção da biodiversidade e o projeto Áreas Protegidas da Amazônia – Arpa. In: BENSUSAN, N. (Ed.).

Seria melhor mandar ladrilhar? Biodiversidade: como, para que e por quê. Brasília: Universidade de Brasília; São Paulo: Instituto Socioambiental – ISA, 2002.

SANTILLI, J. Biodiversidade e conhecimentos tradicionais associados: novos avanços e impasses na criação de regimes legais de proteção (II). In: LIMA, A.; BENSUSAN, N. (Orgs.). *Quem cala consente*? Subsídios para a proteção do conhecimento tradicional. São Paulo: Instituto Socioambiental, 2003. (Série Documentos do ISA, n. 8.)

______. *Socioambientalismo e novos direitos*. São Paulo: Instituto Internacional de Educação do Brasil – IEB; Instituto Socioambiental – ISA; Peirópolis, 2005.

SANTOS, J. E. et al. Funções ambientais e valores dos ecossistemas naturais. Estudo de caso: Estação Ecológica de Jataí. In: CONGRESSO BRASILEIRO DE UNIDADES DE CONSERVAÇÃO, *Anais*... Curitiba, 1997. v. 2.

SEPKOSKI JR., J. J. Large scale history of biodiversity. In: HEYWOOD, V. H.; WATSON, R. T. (Eds.). *Global biodiversity assessment*. Unep/Cambridge University Press, 1995.

SHRADER-FRECHETTE, K. S.; McCOY, E. D. *Method in ecology*. Cambridge: Cambridge University Press, 1993.

SILVA, J. M. C. *Um método para o estabelecimento de áreas prioritárias para a conservação na Amazônia legal*. Brasília: WWF-Brasil, 1997.

______; TABARELLI, M. Tree species impoverishment and the future flora of the Atlantic forest of Northeast Brazil. *Nature*, n. 404, p. 72-74, 2000.

SIMBERLOFF, D. Flagships, umbrellas and keystones: is single-species management passé in the lanscape era? *Biological Conservation*, v. 83, n. 3, p. 257-274, 1998.

______; ABELE, L. G. Island biogeographic theory and conservation practice. *Science*, n. 191, p. 285-286, 1976.

SOARES, M. C. C.; BENSUSAN, N.; NETO, P. F. S. Entorno de unidades de conservação: estudo de experiências em UCs de proteção integral. *Estudos Funbio*, Rio de Janeiro: Funbio, n. 4, 2002.

SPERGEL, B. Financing protected areas. In: TERBORGH, J. et al. (Eds.). *Making parks work*.Washington, DC: Island Press, 2002.

SPRUGEL, D. G. Disturbance, equilibrium and environmental variability: what is "natural" vegetation in a changing environment? *Biological Conservation*, n. 58, p. 1- 8, 1991.

SVARSTAD, H.; DHILLION, S.; BUGGE, H. C. Novartis golden eggs from a Norwegian goose. In: LAIRD, S. A. (Ed.). *Biodiversity and traditional knowledge*: equitable partnerships in practice. London: Earthscan, 2002.

TAKACS, D. *The idea of biodiversity*. London: The John Hopkins University Press, 1996.

TCHAMBA, M. N.; DRIJVER, C. A.; NJIFORTI, H. The impact of flood reduction in and around the Waza National Park Cameroon. *Protected Areas Programme/IUCN – Parks*, v. 5, n. 2, p. 6-14, 1995.

TERBORGH, J. Overcoming impediments to conservation. In: ______ et al. (Eds.) *Making parks work*. Washington, DC: Island Press, 2002.

______; VAN SCHAIK, C. Why the world needs parks? In: ______ et al. (Eds.). *Making parks work*. Washington, DC: Island Press, 2002.

UHL, C. Restoration of degraded lands in the Amazon basin. In: WILSON, E. O. (Ed.). *Biodiversity*. Washington: National Academy Press, 1988.

UNYAL, V. K.; ZACHARIAS, J. Periyar Tiger Reserve – building bridges with local communities for biodiversity conservation. *Parks*, v. 11, n. 2, p. 14-23, 2001.

URBAN, T. *Saudade do Matão*. Curitiba: Universidade Federal do Paraná; Fundação MacArthur; Fundação O Boticário de Proteção à Natureza, 1998.

VANDERMEER, J. et al. A theory of disturbance and species diversity: evidence from Nicaragua after hurricane Joan. *Biotropica*, n. 28, p. 600-613, 1996.

VITOUSEK, P. M. Biological invasions and ecosystem processes: towards an integration of population biology and ecosystem studies. *Oikos*, v. 57, p. 7-13, 1990.

WELLS, M.; BRANDON, K. *People and parks*: linking protected area management with local communities. Washington, DC: The World Bank, World Wildlife Fund; United States Agency for International Development, 1992.

WETTERBERG, G. B. et al. *Uma análise de prioridades em conservação da natureza na Amazônia*. Projeto de Desenvolvimento e Pesquisa Florestal, PNUD/FAO/ IBDF BRA-45. 1976. (Série Técnica, n. 8).

WIEDMANN, S. M. As reservas particulares do patrimônio natural. CONGRESSO BRASILEIRO DE UNIDADES DE CONSERVAÇÃO, *Anais*... Curitiba, 1997. v. 2.

WILSON, E. O. *Diversidade da vida*. São Paulo: Companhia das Letras, 1992.

WOOD, D. Conserved to death. *Land Use Policy*, v. 11, n. 1, p. 1-21, 1994.

WYNBERG, R. South African experiences of access an benefit-sharing in protected areas. In: *Biodiversity access and benefit-sharing policies for protected areas.* Tóquio: Institute of Advanced Studies/United Nations University, 2003.

YU, C. M. *Seqüestro florestal de carbono no Brasil.* São Paulo: Instituto Internacional de Educação do Brasil; Annablume, 2004.